谋势在人

盾之书

——叁

守弱学

（西晋）杜 预 著

马树全 译注

天津出版传媒集团

天津古籍出版社

图书在版编目（CIP）数据

守弱学 /（西晋）杜预著；马树全译注．—天津：天津古籍出版社，2023.4（2025.4 重印）
（谋势在人·盾之书 / 观山斋人主编）
ISBN 978-7-5528-1309-8

Ⅰ.①守… Ⅱ.①杜… ②马… Ⅲ.①人生哲学—中国—西晋时代 Ⅳ.① B825

中国国家版本馆 CIP 数据核字（2023）第 017914 号

守弱学
SHOURUOXUE

（西晋）杜　预 / 著　马树全 / 译注

出　　版　天津古籍出版社
出 版 人　张　玮
地　　址　天津市和平区西康路 35 号康岳大厦
邮政编码　300051
邮购电话　（022）23517902

责任编辑　王海燕
装帧设计　汉字风

印　　刷　优速（天津）印刷有限公司
经　　销　全国新华书店发行
开　　本　710 毫米 ×1000 毫米　1/16
印　　张　17.5
字　　数　260 千字
版次印次　2023 年 4 月第 1 版　2025 年 4 月第 2 次印刷
定　　价　58.00 元

出版说明

中华谋略文化源远流长，博大精深。本丛书按照人们所处的“攻”“守”之势，编成“谋势在人·矛之书”和“谋势在人·盾之书”两个系列。每册书主讲一个主题，书之作者，旧皆署古人，考其文辞、内容，当属伪托之作。然其真正编纂者及编纂时代已不可考，此姑仍其旧，以俟贤者正之。

本丛书的原典篇章均较短小，说理明白浅显，甚乃不无粗疏之处，然其所论根自传统典籍之沃壤，主要展示的是优秀传统文化之精华，是为人处世之大智慧，于读者颇为有益。译注者为其做了现代文译文、文义释评，并提供了大量的扩展阅读内容。所选事例，大多从古代正史中择取，少量从野史、演义作品中摘出，为免扭曲原文意旨，仅加以适当敷衍，不做过多文饰。敬祈读者知之。

总　序

中华民族是一个重德的民族，也是一个善谋的民族。中国的古代经典中处处有谋略的影子，如《论语》的“天下有道则见，无道则隐”，《道德经》的“反者道之动，弱者道之用”，《孙子兵法》的“上兵伐谋”，《鬼谷子》的“圣人之道阴，愚人之道阳”，等等。

谋略被高度重视和广泛运用，是中国古代社会的鲜明印记之一。中国古代的封建专制制度造成了古代官场政治环境的恶劣，也造成了古代人治社会中法律规则的失位。人们难以靠公平、公正的手段来获取利益，难以靠法律规则来保护自己，由此，产生了独具特色的处世哲学和处世智慧，而谋略是其集中表现。为了生存和发展，人们各显其能，各出奇谋，共同促成了谋略文化的形成和兴盛，也不断催生出更高的谋略智慧。可以说，谋略文化是中国传统文化的重要组成部分，更是博大精深的东方智慧的代表。

应该明确指出的是，由于时代的差异和思想的局限，传统文化中难免有糟粕成分。谋略文化也是有优有劣的，我们不能盲目地全盘接受，而要有所选择，批判地继承其中有价值的思想和经验。

中国古代关于谋略的典籍浩如烟海，可究其本质，不外乎“矛”与“盾”两种。“矛”的谋略，重在传授“无中生有”、建功立业之道，强调的是主动出击，持“矛”以攻；“盾”的谋略，重在传授趋利避害、解厄脱困之道，强调的是主动退让，持“盾”以守。“矛”与“盾”是不可分割的两个部分，各有奇效，相互补充。兼顾“矛”和“盾”，便抓住了中国古代谋略书的机要，化繁为简，使人们更易于掌握精髓，达到事半功倍的阅读效果。

鉴于此，现将“谋势在人”丛书按照“矛”与“盾”的内涵编成“谋势在人：矛之书”“谋势在人：盾之书”两个系列。“谋势在人：矛之书”共五册，分别是《智谋学》《势书》《予学》《观人术》《仕进学》；“谋势在人：盾之书”共五册，分别是《止学》《守弱学》《谏学》《解厄学》《韬晦术》。

“谋势在人：矛之书”和“谋势在人：盾之书”有一个共同特点、两个重要突破、三个重大启示和四个巨大价值。

一个共同特点：每册书的主题在中国古代的谋略书中都是独一无二的，且是世人极为关注的。

两个重要突破：在内容上突破了各种传统观念的束缚，在行文上突破了冠冕堂皇的说教形式。

三个重大启示：第一，谋略的核心是大智慧，而不是小聪明；第二，可以不用小人谋略，但不可不知小人谋略；第三，成大事虽离不开谋略，但更要不忘初心。

四个巨大价值：原汁原味的文献价值、客观严谨的研究价值、专题论述的理论价值、启迪人生的实用价值。

观山斋人

2018 年 6 月于北京梨花轩

守弱学

（西晋）杜 预

敬强卷 第一

原文	译文
世之强弱，天之常焉。	世间万物存在强弱之分，这是很正常的客观规律。
强者为尊，不敬则殃。生之大道，乃自知也。	强者尊贵，不敬重他就会招来祸殃。生存的第一准则，是要有自知之明。
君子不惧死，而畏无礼。小人可欺天，而避实祸。	君子不畏惧死亡，却害怕失去礼节。小人可以欺瞒上天，来躲避实际的灾祸。
非敬，爱己矣。智不代力，贤者不显其智。弱须待时，明者毋掩其弱。	弱者并不一定是真正地敬重强者，而是爱护自己。智慧不能代替实力，贤明的人不会显耀他的智慧。弱者需要等待时机，明智的人不掩饰自己的弱小。
奉强损之，以其自乱也。示弱愚之，以其自谬焉。	尊奉强者可以损害他，用这个方法能使其自乱方寸。显现弱小可

以愚弄强者，用这个方法能使其自犯错误。

保愚卷　第二

原文	译文
人不知者多矣。知之幸也，不知未咎。	人们不懂的事情太多了。能将事情弄懂是幸运的，但不懂也不是坏事。
智以智取，智不及则乖。愚以愚胜，愚有余则逮。	智者利用智计取胜，但智计有失就会事与愿违。愚人将愚作为胜利之法，到一定程度就能达到目的。
智或难为，愚则克之，得无人者皆愚乎？	凭借智慧难以处理的事，用愚笨的方法却可以解决它，这恐怕是人们都是愚人的缘故吧？
上不忌愚，忌异志也。下不容诈，容有诚也。	当权者不忌惮愚人，而忌惮不忠的人。地位低的人不容纳奸诈之人，而容纳有诚信的人。
上明而下愚，危亦安。下聪而上昏，运必尽。	领导者精明而被领导者愚笨，情况虽然危险，但可以保持安定。被领导者聪明而领导者昏庸，好运一定会完结。
言智者莫畏，畏言愚也。	不要怕说自己聪明的人，要怕说自己愚笨的人。

安贫卷　第三

原文	译文
贫无所依，不争惟大。困有心贼，抑之无恙。	贫穷没有依靠时，不争强斗勇是最重要的。困境易催生邪念，遏止邪念才没有祸患。
不恶窘者，知天也。惰以致贫，羞也。廉以不富，荣也。蹇以无贷，嗟也。	不憎恨窘境，就是通晓社会规律了。因为懒惰而导致贫穷，是应该羞愧的。因为清廉而不富足，是荣耀的。因为命运坎坷而穷困潦倒，是令人叹息的。
贵生败儿，贱出公卿。达无直友，难存管鲍。	富贵之家多生不肖子孙，贫寒之家常出高官显贵。得志时没有正直的朋友，落难时却能与人结为管鲍之交。
勿失仁者终富，天酬焉。莫道苦者终盛，人敬矣。	不失去仁爱的人终究会富有，这是来自上天的酬报。不诉说苦楚的人终究会兴盛，人们会敬佩他。

抑尊卷　第四

原文	译文
尊者未必强，名实弗契也。霸者存其弱，胜败无常焉。	地位高的人不一定是强者，名声和实际不是契合的。称霸的人也有他的弱点，胜败没有固定的规律。

弱不称尊，称必害。强勿逾礼，逾则寇。

弱者不能自称尊贵，自称尊贵一定会受到伤害。强者不能超越礼法，超越礼法就是贼寇了。

不罪于下，祸寡也。目无贵贱，君子也。心系名利，小人也。君子尊而泽人，小人贵而害众。

不轻易谴责身份低微的人，祸患就会减少了。眼里没有贵贱之别，是君子的行为。心中只有名利二字，是小人的行径。君子身处高位会造福世人，小人有权有势会危害百姓。

至善无迹，然惠存也。至尊无威，然心慑耳。

最大的善行是没有痕迹的，但它的恩惠却是实实在在的。最高贵的人没有威仪，但他能让人心悦诚服。

守卑卷　第五

| 原文 |

| 译文 |

人卑莫僭，羸马勿驰。草木同衰，咸存其荣。

地位低的人不要做超越本分的事，瘦弱的马不要拼命奔跑。草木同时衰败，但它们都有茂盛的时候。

君不正臣谲，君之过也。上无私下说，上之功也。

君主不公正致使臣子欺诈他，这是君主的过错。上司没有私心才能使下属对他直言，这是上司的功德。

宠不树敌，绝焉。陋不论道，暴焉。

受宠信的人不要树立强敌，因为这是一条绝路。浅陋的人不要谈论大道，因为这会显露自己的无知。

堪亲者非贵，远之不辱也。毋失者乃节，恃之必成矣。

可以亲近的不是达官贵人，远离权贵之人能免遭羞辱。不能失去的是气节，依靠它一定会有所成就。

示缺卷　第六

| 原文 |

天非尽善，人无尽美。不理之璞，其真乃存。

求人休言吾能。悦上故彰己丑。治下不夺其功。

君子示其短，不示其长。小人用其智，不用其拙。不测之人，高士也。

内不避害，害止于内焉。外不就祸，祸拒于外哉。

| 译文 |

上天并不是极其完善的，人没有完美的。没有加工过的玉石，它的本性才会存在。

求助他人时不要说自己很有才能。使上司高兴要故意显示自己的丑陋。管理下属不能夺取他们的功劳。

君子显现他的短处，不显现他的长处。小人使用他的聪慧，不显露他的笨拙。深不可测的人，才是真正的高人。

对内不回避害处，害处便会在内部得到解决了。对外不接近祸乱，祸乱就会被阻挡在外面了。

忍辱卷　第七

| 原文 |

至辱非辱，乃自害也。至忍

| 译文 |

最大的耻辱不是受人羞辱，而

非忍，乃自谅也。

是自我伤害。最大的忍让不是容忍他人，而是原谅自己。

君子不怨小人，怨天也。小人不畏君子，畏罚也。

君子不怨恨小人，怨恨上天的不公。小人不害怕君子，害怕受惩罚。

君子小人，辱之可鉴焉。强而无仁，天辱之。弱而不振，人辱之。

一个人是君子还是小人，羞辱他便可以鉴别出来。强者没有仁爱，上天就会羞辱他。弱者不能振作，别人就会羞辱他。

辱不灭人，灭于纵怒。大辱加于智者，寡焉。大难止于忍者，息焉。

羞辱不能毁灭人，毁灭人的是放纵愤怒。有智慧的人常常要承受大的羞辱，因为能理解他们的人很少。忍受屈辱的人往往能躲过大的灾难，因为他们使敌手停止了进攻（而获得了喘息之机）。

恕人卷　第八

| 原文 |

| 译文 |

天威贵德，非罚也。人望贵量，非显也。

上天的威严以仁德为贵，而不是惩罚。人的声望以器量为贵，而不是显赫的名声。

恕人恕己，愈蹙愈为。君子可恕，其心善焉。小人可恕，其情殆焉。不恕者惟事也。

宽恕他人就是宽恕自己，形势越困难越要这样做。君子可以宽恕，因为他们心地善良。小人可以宽恕，因为他们的状况危险。不能宽恕的只有事情本身。

富而怜贫，莫损其富。贫而助人，堪脱其贫。

富人怜惜穷人，不会减少他们的财富。穷人帮助他人，可使自己摆脱贫穷。

人不恕吾，非人过也。吾不恕人，乃吾罪矣。

他人不宽恕我，不是他人的过错。我不宽恕他人，是我的罪过。

弱胜卷　第九

| 原文 |

| 译文 |

名弱者，实大用也。致胜者，未必优也。

被人称为柔弱的东西，实际上是大有用处的。能获得成功的因素，不一定是人们所说的优势。

弱而人怜，怜则助。劣而人恕，恕则幸。庸而人纳，纳则遇。

弱者令人同情，被同情就是强大的助力。处于劣势者能被人宽恕，被宽恕就是难得的幸运。平庸者能被人接纳，被接纳就是难逢的机遇。

以贱为耻，其人方奋。以绌为憾，其人乃进。无依者自强，势所迫焉。

把地位低下视为耻辱，人们才能奋发有为。把自己的不足视为遗憾，人们才能不断进取。没有依靠的人会自我图强，这是形势逼迫的结果。

贤以义胜，义不容恶也。忠以诚归，诚不输奸也。

贤德的人凭着正义取胜，正义不会宽容邪恶。忠贞的人凭着真诚令人归附，真诚不会输给奸诈。

杜预小传

杜预，字元凯，京兆杜陵人，西晋时期著名的政治家、军事家和学者。

杜预出身官宦世家，祖父杜畿是三国时期魏国的名臣，官至尚书仆射，父亲杜恕曾为幽州刺史。他自幼就受到良好的教育，成年后更是博学多才，对经济、政治、历法、法律、数学、史学和工程等学科都颇有研究。当时的人给他起了个“杜武库”的绰号，称赞他无所不通。

在司马昭掌握朝政大权后，杜预娶了他的妹妹高陆公主为妻，做了尚书郎，继承祖父丰乐亭侯的爵位，后又担任了参相府军事、镇西将军长史等职。钟会谋反时，不少人在变乱中被杀，杜预却因行事机敏、为人低调而幸免于难。事后，他还因功被增封食邑一千一百五十户。

晋武帝司马炎代魏称帝，建立晋朝后，准备灭吴，朝中大臣多数表示反对，杜预坚定地站在晋武帝一边，力主早日进兵。晋武帝任他为镇南大将军，都督荆州诸军事。杜预到任后，修造兵器，抓紧练兵，又使计离间吴国边防将领，安排妥当后，就奏请讨伐吴国的日期。初时晋武帝犹豫不决，杜预三次上书，终使晋武帝下定了决心。

杜预建功立业后，便开始潜心研究古代典籍，编著了《春秋左氏经传集解》；又参考诸家谱表的写法，对《春秋》进行专门研究，写出了《春秋释例》。另外，他还把自己平生的思考和感悟都写了出来，辑成《守弱学》一书。

目 录

敬强卷　第一

公子良的真言 · 003 / 违心的刘邦 · 006 / 梁士彦的自毁 · 008 / 巧制贼人的韩褒 · 011 / 灌婴的屈从 · 013 / 狡诈的马烨 · 016 / 宋濂的不敬 · 018 / 不抗争的盛度 · 020 / 贾南风的“演技” · 023 / “胆小”的刘备 ·026

- 世间万物有强弱之分，这是很正常的客观规律。
- 生存的第一准则，是要有自知之明。
- 一个真正有智慧的人，总是宠辱不惊。
- 由弱至强是一个漫长的过程，等待是必需的。

保愚卷　第二

刘歆的不慎 · 031 / 不为己谋的于烈 · 034 / 丁谓的骄狂 · 037 / 打击豪强的董宣 · 039 / 长孙顺德的醒悟 · 042 / 无罪被贬的陈禅 · 045 / 李崇的安民术 · 048 / 毫无保留的韩安国 · 051 / 萧昭业的任意胡为 · 054 / 挣脱牢笼的赵构 · 057

- 聪敏不外露，愚钝宜外显。
- 愚以愚胜，是愚人成功的途径。
- 虚心的人，才能领悟世事的真谛。
- 不要怕说自己聪明的人，要怕说自己愚笨的人。

安贫卷　第三

范丹的自知之明 · 063 / 处处小心的朱建 · 065 / 谢弘微的“呆傻” · 068 / 被错怪的李安世 · 070 / 查道的回报 · 073 / 怨天尤人的卢照邻 · 076 / 孙叔敖的成才 · 079 / 识人于未遇的鲍叔牙 · 082 / 樊晔的善举 · 085 / 人穷志坚的陆陇其 · 088

- 穷不叫苦，富不贪恋。
- 上天不会亏待有仁心的人，我们要对此坚信不疑。
- 一肚子苦水而无所作为的人，不会赢得别人的敬重。
- 懒惰是贫困的第一成因。

抑尊卷　第四

孝静帝的不甘·093 / 自取祸殃的栾盈·096 / 袁术的穷途末路·098 / 知难而退的楚庄王·101 / 卫献公的淫威·104 / 百姓赞颂的辛公义·106 / 杜重威的恶行·108 / 不惧万险的陆贽·111 / 萧衍的夸耀·114 / 声震敌国的乐喜·116

- 人的名声和实际情况并不一定相契合。
- 弱者自称尊贵，祸害便不远了。
- 君子的眼中没有贵贱之别。
- 君子尊而泽人，小人贵而害众。

守卑卷　第五

孔熙先谋反·121 / 劝人振作的张耳·123 / 王翦的请求·126 / 碰壁的宋义·129 / 费无忌的垮台·131 / 浅陋的徒单恭·133 / 蔡茂的誓言·136 / 人品高尚的郑板桥·138

- 人卑莫僭，羸马勿驰。
- 草木同时衰败，但它们都有茂盛的时候。
- 只要气节不失，便不是贫贱者。
- 如果想做一个可笑的浅陋者，那就夸夸其谈吧。

示缺卷　第六

崇祯的求全责备 · 143 / 不堪重负的胤礽 · 146 / 晋惠公的求饶 · 149 / 不遵常规的袁崇焕 · 152 / 章邯的倒戈 · 154 / 荐贤的魏成子 · 157 / 温体仁的机关算尽 · 160 / "无能"的孔子 · 163 / 汉文帝的庇护 · 166 / 赵鞅的三问 · 169

- 缺憾是无法避免的，不必过度追求完美。
- 死要面子不智，向人求助切忌趾高气扬。
- 以本来面目出现，缺陷便易于被人容忍。
- 有见识的人是不求独美的。

忍辱卷　第七

彻底绝望的申生 · 175 / 夏侯婴的满足 · 178 / 泰然自若的张伯行 · 181 / 李兑的识人察微 · 183 / 抛弃私怨的范纯仁 · 186 / 短命的唐敬宗 · 188 / 忧心的周昌 · 191 / 姚枢的当头棒喝 · 193 / 锐意变革的赵武灵王 · 196 / 娄敬的智取 · 198

- 小人不怕君子，而怕惩罚。
- 弱者更当自强。
- 羞辱虽伤人，愤怒却致命。
- 大智者常忍大辱，忍大辱者则有大成。

恕人卷　第八

自责的宋英宗 · 203 / 王安石的执拗 · 206 / 出人意料的苏绰 · 209 / 信陵君的小节 · 211 / 做贼心虚的张士诚 · 214 / 李百药论政 · 217 / 千夫所指的董其昌 · 220 / 萧何的扶危济困 · 223 / 不求理解的顾宪成 · 226 / 赵抃以身作则 · 228

- 声望以器量为贵，而不是显赫。
- 宽恕他人就是宽恕自己。
- 仁恕之道不仅能感染人，更能改变人。
- 扶助处于困境的人，是智者的行为。
- 过于求全责备，受害的是自身。
- 富而泽贫，无损其富。

弱胜卷　第九

诈降的张献忠 · 233 / 公子光的劝慰 · 236 / 为父申冤的王世贞 · 239 / 王允的“怯懦” · 242 / 力排众议的刘文静 · 244 / 张仪的恼怒 · 247 / 求进的郑庄 · 250 / 韩信的冒险 · 252 / 只身斗敌的况钟 · 255 / 墨翟反战 · 257

- 强大处下，柔弱处上。
- 坚强者死之徒，柔弱者生之徒。
- 进取心是上天对普通人的无形褒奖。
- 弱者更应诚心对人。

敬强卷 第一

世之强弱，天之常焉。

强者为尊，不敬则殃。生之大道，乃自知也。

君子不惧死，而畏无礼。小人可欺天，而避实祸。

非敬，爱己矣。智不代力，贤者不显其智。弱须待时，明者毋掩其弱。

奉强损之，以其自乱也。示弱愚之，以其自谬焉。

本卷精要

· 世间万物有强弱之分，这是很正常的客观规律。

· 生存的第一准则，是要有自知之明。

· 一个真正有智慧的人，总是宠辱不惊。

· 由弱至强是一个漫长的过程，等待是必需的。

原文

世之强弱，天之常焉。

译文

世间万物存在强弱之分，这是很正常的客观规律。

释评

自然界和人类社会的发展规律是不以人的意志为转移的。承认客观存在的强弱之分，是正确认识自然、社会的首要前提，只有这样才能平心静气地面对由此引发的种种问题，进而找到解决问题的方法。相反，不顾客观现实、只知咒天骂地，只会让自己更加心浮气躁，无法安心做事，结果也只能使自己变得“更弱”。

事典

公子良的真言

春秋时期，晋楚两国争霸。处在晋楚版图中间地带的郑国虽然弱小，但郑国国君郑襄公不甘示弱。一次，在朝堂上，郑襄公对众臣子说：

“从前庄公在位时，我们郑国地位尊崇，敢于向周王室挑战，今日想来也是风光无限。我想重振郑国声威，再创霸业，你们当要用心助我。”

郑襄公又继续说道：

“晋楚两国看似强大，但是在我眼里不足为虑。只要我们君臣一心，郑国一定能打败晋楚，恢复祖宗的荣光。”

郑襄公唱着高调，却提不出一项具体主张。郑襄公的弟弟公子良眉头紧皱，他犹豫多时，终于站出来对郑襄公说：

“大王励精图治，可喜可贺，但争霸之事，臣以为不可。”

郑襄公不料弟弟第一个站出来反对，十分不快，阴沉着脸说：

“寻常百姓尚有光宗耀祖的想法，何况一国之主呢？我这样做全是为了郑国着想，你有什么理由反对我呢？”

公子良不紧不慢地说：

“上天造物有强有弱，这是事实，必须正视。身为弱者，可以在心里藐视强者，但绝不可在行动上轻视它。如今晋楚皆强，郑国避之尚恐不及，如何能与之争锋呢？纵是百般不愿，郑国也要礼敬晋楚，否则吃亏的只能是我们哪！”

郑襄公大怒，呵斥了公子良一顿，拂袖而去。

朝中百官大多赞同公子良的说法，但畏于郑襄公的权威，皆不敢进谏。郑襄公于是独断专行，公开向楚国挑战。

楚庄王十六年（前598）春，楚庄王亲自领兵讨伐郑国。楚军大胜，郑军节节败退。

这个时候，郑襄公才慌乱起来，急向群臣问计，说：

“现在形势危急，你们可有退敌的良策？”

百官见郑襄公态度诚恳，方放下顾虑。有人说：

“从前公子良曾劝谏大王，可惜大王不听。我们虽心急如焚，奈何愚钝无知，还请大王请教公子良吧。”

公子良被请到殿上，郑襄公先自责道：

“贤弟有先见之明，是我错怪贤弟了，还请贤弟拯救国家于危难之中。”

公子良心中感动，动容道：

“大王知错能改，乃国之大幸。时下当务之急乃是让楚国罢兵，纵是一时有损大王的颜面，大王也要接受啊。”

郑襄公心头一沉，说道：

“退敌不能有伤国之尊严，否则不惜冒死一战！”

公子良连连摇头，动情道：

“楚强郑弱，岂可硬拼？我们不能抱怨上天不公，只能设法周旋。楚国现在以武力来犯，郑国是无法抗衡的，我们必须要认清这一点。如果我们表示背弃晋国，主动向楚王认错，亲近楚国，相信楚国也就没有了再攻打我们的理由。这样做虽然让大王面上无光，但可避免亡国的大患，对大王而言是有小失而获大得，大王当立即实行。”

郑襄公马上派人和楚庄王讲和，态度十分恭敬。这一年夏天，他还亲自参加了楚国与陈国在辰陵的盟会，极力拥戴楚国为盟主。同时，郑襄公也没有断绝同晋国的交往。这样，夹在两强之间的郑国左右逢源，暂时化解了灭国危机。

原文

强者为尊，不敬则殃。

译文

强者尊贵，不敬重他就会招来祸殃。

释评

强者有着雄厚的实力，这是傲视他人的本钱。不管人们是否情愿，也不能否认这一点。在弱肉强食的封建社会中，强者尊贵，弱者低下，也是不争的事实。如果弱者硬要强出头，不肯暂时屈从，只会对自己更加不利。承认强者的地位并不是无能的表现，只有尊重现实，才能趋利避害，保存自身，以求将来的发展壮大。

事典

违心的刘邦

秦朝末年，刘邦先行进入关中，占领了都城咸阳。按照各路反秦诸侯之前的约定，先入关中者为王。刘邦占得头功，喜不自禁，对手下人说：

“我军上应天命，拔得头筹，可见苍天佑我，我不能不顺应天命啊！”

刘邦手下一片欢呼，振臂响应，只有萧何、张良等人默不作声。

众人散去，刘邦召萧何、张良详谈，不解地说：

“我想按约办事，一切都名正言顺。你们不发一言，是什么意思呢？”

萧何看了张良一眼，轻声说：

“主公是相信约定呢，还是相信实力呢？”

刘邦一怔，又问张良：

“你的看法呢？”

张良诚恳道：

“萧大人的意思十分明了，他是提醒主公不要轻信约定而忘了强大敌人的存在。在此乱世，群雄争霸，实力才是最重要的，也是最值得依赖的。现在项羽拥兵数十万，他的野心最大，如果主公贸然称王，项羽会第一个站出来攻打我们，其他群雄也不会相让。我们时下还远不是项羽的对手，所以只能敬重他，以免招致惨败。”

刘邦强自镇定，说：

“我军能攻进咸阳，自不是弱者，你们不要说丧气话了。倘若真的和项羽一战，我们也不一定是输家。”

很快，项羽听说刘邦已经进入关中，便立即引兵往关中而来。他屯兵鸿门，和灞上的刘邦相隔不远，形成对峙之势。

当时，项羽的军队有四十万人，而刘邦的手下只有十万。二者实力相差悬殊，刘邦这才意识到事态的严重。

项羽的谋士范增劝项羽摆下宴席，邀请刘邦来赴宴，以借机除掉他。

项羽的叔父项伯和张良交好，他把这个秘密告知张良。张良急忙求见刘邦，告知了此事，刘邦顿感大祸临头。

张良仍很镇静，进言说：

“项羽势大难敌，绝不可和他交战。好在项羽虽勇猛，但他是个粗人，不懂谋略之术。依我之见，主公当及时赴约，当面向他‘请罪’，做出十分恭顺之状。项羽得意忘形，当不会加害我军了。如此我军赢得喘息之机，方可再做长远的打算。”

刘邦十分知趣，硬着头皮来到鸿门，拜见项羽。一见面，刘邦忙赔笑说：

“不知将军入关，有失远迎，刘邦今日特来请罪。”

刘邦的谦卑态度出乎项羽的意料，令他心中十分得意。刘邦又接着说：

“我虽入关，但一切事务并不敢擅作主张，只等将军发落。将军勇猛无敌，天下敬仰，这是人心所向啊，我刘邦第一个拥戴将军。”

项羽更加高兴，就不再提防刘邦了。二人宴上把酒言欢，范增几次示意动手，项羽都装作看不见。

范增心急，指使项羽的从弟项庄以舞剑助兴为名，伺机下手。项伯为了保护刘邦，便与项庄对舞。

宴席之中，刘邦以如厕为名溜掉，张良对此向项羽解释说：

“沛公不胜酒力，只好不辞而别了。将军重情重义，无奈将军手下总有小人挑拨，还请将军提防。沛公无比敬爱将军，如果沛公因此受害，天下人一定耻笑将军。这是陷将军于不义啊。”

项羽无言以对，范增气急败坏，而刘邦得以逃脱大难。

原文

生之大道，乃自知也。

译文

生存的第一准则，是要有自知之明。

释评

不能准确地给自己定位，是人们常犯的大错，由此而导致的后果是十分严重的。特别是弱者，如果不自量力，势必会做出许多不切实际的事来，结果就会一次接着一次地碰壁，再无出头之日。弱者并不是耻辱的代名词，只要敢于正视，勇于奋发，便不会永远是弱者。相反，极力掩饰自己的弱者身份、爱慕虚荣、不自量力，到头来只能害了自己。

事典

梁士彦的自毁

隋朝建立之初，功臣梁士彦被隋文帝杨坚冷落，没有受到封赏。梁士彦牢骚满腹，对家人说：

“我追随皇上多年，屡建奇功，如今皇上这样待我，太让人寒心了！我要和皇上理论一番。”

梁士彦的家人怕他惹祸，忙道：

“你的功劳太大了，皇上不封赏你，分明是防范你啊！这个时候，你岂能去找皇上说理呢？”

梁士彦不听，仍去向杨坚哭诉了一番。杨坚表面上安慰他，事后却解除了他的实职，只让他在京赋闲。梁士彦又感委屈，整天喝酒消愁。他的一位好友规劝他，说：

“所谓功高震主，说的就是你这样的人啊！我们做臣子的，在君主面前始终是弱者。如果你不认清这一点，非要和君主争个高下，岂不糊涂至极？你还是安心认命吧。”

梁士彦行伍出身，做事鲁莽，他认为自己无错，便四处大吐苦水。对地位比他高的人，他不仅不敬，反是多有讥笑，朝中上下均对他心生嫌恶。

梁士彦的家人担心地对他说：

“此一时彼一时，你不要再活在从前了。现在皇上疏远你，你又无官无权，做事说话不能不收敛了。”

梁士彦痛骂家人，不听所有人的劝告。他和不得志的宇文忻、刘昉等人勾结在一起，竟想杀掉杨坚，率众造反。

梁士彦的阴谋被他的外甥裴通察觉。一次，裴通侧面规劝他说：

“一个人如果不知道自己有多大能耐，那么他就会干出无法无天的事来，这岂不是很可怕吗？所以说凡事要量力而行，否则就是可笑可悲了。”

梁士彦听不出裴通的弦外之音，仍自我吹嘘说：

“我当年统率千军万马，什么事情我做不到呢？可惜皇上不重用我了，这是皇上的大错啊！”

裴通试探几次，见劝他无望，于是向朝廷告发了梁士彦的阴谋。

杨坚始终观察着梁士彦的一举一动，为了不背上滥杀功臣的罪名，他决定先稳住梁士彦，以待他原形毕露时，再行诛杀。

不久，梁士彦突然被任命为晋州刺史，重掌兵权。梁士彦不知这是杨坚的计谋，更加紧了谋反的步伐。他对同党说：

“皇上不敢不安抚我啊，只可惜皇上醒悟得太晚了。似我这等大才，又岂能长久甘居人下呢？”

梁士彦野心疯长，于是上书杨坚，请求批准同党薛摩儿做自己的长史。

他在奏章中辩解说：

“薛摩儿才气过人，有他相助，我可以给陛下建立更大的功劳。”

杨坚看罢梁士彦的奏章，轻蔑一笑说：

“无知狂徒，你这是自寻死路啊！”

杨坚批准了梁士彦的请求，梁士彦更加自信。他暗中命薛摩儿四处联络，等时机成熟便起事。

梁士彦叛变的迹象日益明显，杨坚这才决定收网。一次，趁百官朝见之机，杨坚命人将梁士彦、宇文忻、刘昉等人一举抓获。至此，梁士彦方知自己被杨坚玩弄于股掌之间，但已是追悔莫及了。梁士彦和他的同党美梦不成，俱皆丧命。

原文

君子不惧死，而畏无礼。

译文

君子不畏惧死亡，却害怕失去礼节。

释评

君子是最不怕强权的，他们敢于坚持正义，勇于牺牲。但君子也不是一味蛮干的，不到最后关头，他们也不会轻易涉险。强权人物出于各种目的，对人多有礼遇。而君子以礼还礼，一方面，能不让矛盾激化，推动事情得到妥善解决；另一方面，不失去必要的礼节，这也是君子所追求的行为规范。

事典

巧制贼人的韩褒

西魏文帝时，韩褒被任命为北雍州刺史。北雍州境内多山，盗贼横行，当地百姓深受其苦。

韩褒学识渊博，为人沉稳，他一上任便微服私访，调查匪患的实情。

令他大吃一惊的是，所谓匪患，其实都是当地豪强所为。他们的势力十分庞大，互相勾结，而表面上却道貌岸然，掩人耳目。

韩褒初来乍到，顿感为难。他闭门不出，苦思良策。一日，他的一位远方朋友前来探望他。韩褒对朋友说出了自己的忧虑：

“我想一举将贼寇剿灭，又不兴师动众、劳民伤财，可以做到吗？”

他的朋友很有见地，说道：

“你一向以君子自称，做任何事也不失去礼数。贼寇也是人，如能对他们先礼后兵，诚心感化，就不用大动干戈了。如果大开杀戒，难保不错杀无辜之人，这对你的名望有损啊！”

有了朋友的提醒，韩褒打定了主意。一天，他对部属们说：

“贼寇势大，不可强攻。我想以贼制贼，对贼人加以礼遇，重用他们，给他们改过自新的机会，这样或能事半功倍。”

韩褒的想法出乎所有人的意料。有人公开表示反对说：

“与贼讲礼数仁义，恐怕是对牛弹琴啊！讨贼是光明正大的事，为什么不能大张旗鼓地进行呢？万一有人诬指大人和贼人同流合污，大人岂不是自找麻烦？”

韩褒说服众人道：

“从前官吏不能灭贼，致使贼患日大，难道不值得我们反省吗？他们有的胆小怕事，放纵不理；有的只知讨伐，不加安抚。我这样对贼寇恩威并施，相信他们不会无动于衷，你们就拭目以待吧。”

韩褒将当地豪强找来，假装不知他们的罪行，推心置腹地对他们说：

“我是读书人出身，对行军打仗并不精通。但此处贼患严重，百姓不得安生，任何一个有良心的人都不能任贼横行，何况我这个刺史呢？你们都是土生土长的本地人，更不忍看乡亲受苦受难吧？我想委你们以剿贼的重任，一同为百姓除害。”

韩褒用盛宴招待他们，态度十分谦和诚恳。说到百姓的苦难，韩褒几次流下泪水，声音哽咽。

当地豪强大为不安，颇受震撼。他们面有愧色，都不敢正视韩褒。

韩褒于是委任他们为剿贼的将帅，每人划分一块地盘，地盘内如有盗窃发生而没有抓获窃贼的，负责的将帅以故意怂恿罪论处。

当地豪强聚在一处，个个垂头丧气。有的便说：

“刺史大人所为，分明是针对我们的。他明知盗窃乃我等所为，却仍对我等礼待有加，他是给我们自新的机会啊！我们也不要不识趣了！”

于是，这些豪强齐向韩褒主动认罪，还交代了同伙的姓名。韩褒接着贴出告示，说：

“有罪之人，只要马上到州府自首，可免其罪。到了本月底还未自首的，格杀勿论。”

四方的盗贼对韩褒又敬又怕，一时都纷纷来降；韩褒恪守信义，准许他们改过自新，免除了对他们的惩罚。从此，北雍州的贼患彻底平定了。

原文

小人可欺天，而避实祸。

译文

小人可以欺瞒上天，来躲避实际的灾祸。

释评

许多凶残、无所顾忌的小人其实是很狡诈的。他们欺软怕硬，见风使舵，不为别的，只为保全自己，捞取实惠。人们可以鄙视小人的劣行，但不能不承认：小人能猖獗一时，令人头疼，靠的正是这种“看家本领”。鸡蛋碰石头的事，还是尽量不做；无望的抗争，有时不如默默等待。留得青山在，不怕没柴烧。把迫在眉睫的灾祸消除，将来才能担起更大的责任。

事典

灌婴的屈从

西汉吕太后去世后，在朝的吕氏集团专权，打算篡夺刘氏江山。

齐王刘肥看出了诸吕的野心，待吕后安葬之后，便召集心腹说：

“奸人当道，国将危矣，我想起兵讨逆，还望你们为国出力。”

心腹没有异议。刘肥立即写信给刘氏诸王，控诉诸吕的罪行，并亲自率兵攻打诸吕。

刘肥起兵的消息传到京师，相国吕产十分惊慌，他对吕禄说：

“刘肥乃汉室宗亲，他带头闹事，恐怕其他刘氏诸王也不安稳，这件事该如何应对呢？”

吕禄说：

“我们掌握朝政，执掌南军、北军，自不用怕刘肥。依我之见，我们应该即刻发兵讨伐，消灭刘肥，以绝其他刘氏诸王之念。”

汉朝元老重臣灌婴被委任为讨伐刘肥的主帅。吕产、吕禄当面对灌婴许诺说：

“你德高望重，战无不克，朝廷命你出征，相信你一定能灭掉逆贼。回师之日，朝廷会更加倚重于你，决不食言。”

灌婴无奈领命，心中闷闷不乐。有人劝他不要挂帅，说：

“刘氏乃高祖之后，他们看不惯诸吕所为，怎能算逆贼呢？你此去无论成败，都将背上助纣为虐之名，应当力辞不就啊。”

灌婴说：

“诸吕势大，如果我当面抗命，我死事小，误国事大。他们改派他人，势必有一场大的厮杀，而我却可借机行事，消此巨祸。”

灌婴做出积极备战的样子，诸吕无人对他起疑。吕产的一位谋士担心灌婴不忠，于是向吕产说：

“灌婴忠于汉室，为人正直，他这样痛快领命，不是很可疑吗？万一他中途有反，我们就被动了。”

吕产不以为然，傲慢地说：

“我们吕家权倾天下，识时务者是不会和我们作对的。灌婴在朝日久，自然知道此中利害，何须担心呢？”

吕产的谋士说：

“灌婴一旦领兵在外，我们就控制不了他了，难保他不会生变。安全起见，大人当派心腹之人征讨才是。”

吕产自恃聪明，拒不接受谋士的劝告。

灌婴率兵到达荥阳，传命就地驻扎，不再前行。不知情的将领追问灌婴缘由，灌婴以各种借口搪塞。私底下，灌婴召集心腹说：

“诸吕存心篡汉，我们身为汉家臣子，决不能听命于他们。我现在将大军引领在外，就是威慑诸吕，他们不过是色厉内荏的宵小之辈，有我们在，我想他们是不敢妄动的。”

灌婴驻扎荥阳不动，诸吕果然慌乱起来。吕禄催促吕产谋变，吕产却说：

“灌婴大军在外，已是我们的敌人了，他这个人善于打仗，我们不是他的对手啊！现在形势大变，于我们不利，还是要从长计议。”

诸吕有了顾忌，灌婴便趁机加紧联系刘氏诸王，准备合力讨伐诸吕。他在给刘氏诸王的信中说：

“诸吕不怕天谴，却怕眼前的祸患。我们合力同心讨伐他们，是挽救朝廷的唯一途径。他们并不可怕，可怕的是我们对他们抱有幻想，心怀观望。”

刘氏诸王深受触动，暗中响应。与此同时，京师的太尉周勃和丞相陈平也联起手来，在未央宫捕杀了吕产，继而将吕氏家族一网打尽，安定了汉室江山。

原文

非敌，爱己矣。

译文

弱者并不一定是真正地敬重强者，而是爱护自己。

释评

强者不一定是人们尊重的对象，用非法手段而致强的，人们只会鄙视他。只是严峻的现实总是逼迫弱者不得不向强者低头，这不是弱者的本意，弱者没有理由为此耿耿于怀。在强者面前，弱者需要学会爱护自己，尤其要保持平常心。一个真正有智慧的人，总是宠辱不惊，少有雷霆之怒。

事典

狡诈的马烨

明朝洪武年间，镇守贵州的都督马烨对当地人十分残暴。百姓对他充满了仇恨，一心想要杀他。

马烨的下属为他担心，劝他说：

“大人治理辖境，当求安定人心，不生变乱。如今百姓俯首听命，大人何必三番五次责难他们呢？大人就不怕招来祸事吗？”

马烨虽然粗暴，但对朝廷还是忠心耿耿。他对下属说：

“皇上雄才大略，早有心废除这里的土司制度了。我想逼迫他们造反，那样我们就可以师出有名，达成皇上的心愿。如能做到这一点，我个人的安危又算得了什么呢？”

下属听得心惊肉跳，觉得马烨工于心计，过于歹毒了。

一次，马烨无事生非，把前土司大头目的妻子奢香抓了起来。当地人送上金银珠宝，恳求马烨手下留情。不想马烨不但喝退来人，还把奢香衣服剥光，当众鞭打。

当地人以此为奇耻大辱，准备起兵造反。时任土司头目的刘夫人聪明机智，她制止了众人，说：

“马烨为人奸诈，他为什么屡次欺侮我们呢？这里面定有阴谋。如果我们怒而起事，正给了朝廷剿灭我们的把柄，那事情就不可收拾了。敌强我弱，硬拼是不行的，请让我想一个万全之策。”

众人群情激愤，不肯罢休。有的说：

“正因为我们一再忍让，马烨才会越来越嚣张，我们还能到何处去讲理呢？与其生不如死，不如杀了狗官，和他同归于尽！”

刘夫人费尽唇舌，设法阻止了众人。她哭求着说：

“我这样做，不是维护朝廷，而是为我们自己着想啊！造反只有死路一条，我们要活下去！”

刘夫人亲自进京，向朱元璋告御状。她陈述利害，声泪俱下地控诉马烨的残暴。永乐帝担心边疆生乱，心中开始怪罪起马烨操之过急了。

朱元璋把受马烨辱打的奢香召到京城，好言安抚说：

“马烨无端生事，绝不是朝廷本意，望你体察上情，休怪朝廷。”

奢香据理力争，坚持惩办马烨。她语气坚定地说：

“马烨欺瞒皇上，滥施淫威，险些激起民变。这样的逆臣如果逍遥法外，何能服众？皇上惩治马烨，方能显出皇上的爱民之心，其他官员才能以此为戒。”

朱元璋也怕事情闹大，只好答应处死马烨。

不久，马烨被朝廷召回斩首。受欺压的百姓报了大仇，财产和性命也得以保全。

原文

智不代力，贤者不显其智。

译文

智慧不能代替实力，贤明的人不会显耀他的智慧。

释评

一个富有智慧的人，人们会尊敬他，但不一定会畏惧他。特别在势利之人的眼里，他们只认权势，对学问之类的东西从来不屑一顾。社会是复杂的，只有智慧而没有实力很可能一事无成。许多人不承认实力的重要而盲目自大，甚至目中无人，这是浅薄无知的表现。和那些大德大贤相比，他们太过锋芒毕露，这是导致他们失败的一大原因。

事典

宋濂的不敬

宋　濂

明朝开国元勋，文学家。出身贫寒，然“于学无所不通”。被朱元璋尊为先生，曾主修《元史》，官至学士承旨知制诰。致仕后因长孙宋慎牵涉胡惟庸案，谪茂州，中途病死。

镜　鉴

可才高，莫清高。

明朝洪武年间，大学士宋濂文才过人，皇帝朱元璋十分赏识他。

宋濂为官廉洁，不贪财物，他曾在自家门上贴一副对联：“宁可忍饿而死，不可苟利而生。”正人君子都很敬佩他。

一次，一位朝中贵人以黄金为礼请他写字作文。宋濂以身体不适推托，一口回绝了来人所请。宋濂的家人感到奇怪，出口说道：

“来者是皇上身边的红人，他又没有亏待你，没有必要得罪他啊！万一他心中忌恨，不是对你不利吗？”

宋濂说：

“此人人品不佳，我岂能贪他一点儿钱财而供他驱使？此人不学无术，只会奉迎皇上，很让人讨厌。”

宋濂傲气十足，只要是他不满意的事，他都会直言指出，也常不留情面地责备他人。他常用读书做话题，对他人说：

“读书多了，还用得着趋炎附势吗？权势不会长久，也不值得人们真正尊重，有了学问就不用害怕权贵。”

宋濂对朱元璋也不那么客气，别人不敢说的话他都会直接讲出来。一次，因与朱元璋意见不合，宋濂口无遮拦地说：

“我自认读书不少，行事也按圣人的教诲，皇上纵是责罚我，我也认为自己无错。”

朱元璋心中对宋濂有气，表面上却不加责怪，只是无奈作笑。

事后，宋濂的好友提醒他说：

“皇上读书不多，在皇上面前你不该以读书多少论事。我们毕竟是臣子，这样不是大不敬吗？皇上虽然对你忍让，但你切不可不知高低了。”

宋濂告老还乡后，每到朱元璋生日的时候，他都要到京城给皇上祝寿，参加朱元璋的恩赐宴会。这一年，宋濂又给皇上祝寿，在陪同朱元璋登文楼时，差点儿摔倒。朱元璋说：

“先生年纪大了，难得年年给朕祝寿，明年还能来京城吗？”

宋濂不假思索地说：

“臣一定前来。”

第二年，朱元璋生日将至，宋濂却改变了主意，他对家人说：

“我现在老朽不堪，每年此时进京都十分劳累，今年我就不入京了。”

家人不同意他的决定，说：

“我们的一切都是皇上所赐，岂敢对皇上不敬呢？你如果今年缺席，皇上定会有很多猜疑，说不准还会惹麻烦上身呢。”

宋濂自信地说：

“皇上怜我老迈，怎会怪罪我呢？再说我现在无官一身轻，早厌烦那些俗礼了。”

朱元璋生日的前几天，见宋濂没来，心中不快，派人到宋濂家探望。正巧，宋濂此时闲来无事，正和几位同乡饮酒赋诗。朱元璋得知，立时翻脸，恨恨地说：

“宋濂自恃有才，朕已忍他很久了。想不到他变本加厉，竟敢轻视朕！这样的人真是不知天高地厚。”

朱元璋对宋濂愈发不满。后来，宋濂被牵连进胡惟庸案，朱元璋本想杀了他，多亏马皇后在旁劝阻，苦苦央求，宋濂才得免一死。

原文

弱须待时，明者毋掩其弱。

译文

弱者需要等待时机，明智的人不掩饰自己的弱小。

释评

有时，千方百计掩饰自己的弱者身份有百害而无一利：冒充强者要做许多力不从心的事，这是弱者所难以承受的。虚荣心人皆有之，但必须理性对待，不能让它将自己淹没，否则，注定要付出惨重的代价。由弱至强是一个漫长的过程，等待是必需的。以弱者的身份诚心待人，更容易打动他人；抛弃弱者的自卑和小聪明，是弱者成功的第一步。

事典

不抗争的盛度

北宋仁宗景祐年间，王曾、吕夷简做宰相，宋绶、蔡齐、盛度任参知政事，为副相。

王曾喜欢蔡齐，吕夷简欣赏宋绶，而盛度则遭二人冷落，所以盛度并无实权，也为百官轻视。

盛度的朋友对他说：

“你虽居高位，却有名无实，你该设法改变这种状况啊！王曾、吕夷简是你的顶头上司，你应该多和他们交结才对。”

盛度说：

“我知道自己并不讨二位宰相欢心。他们对我存有偏见，这一时很难改变，我只能耐心等待了。”

盛度并无怨气，他对王曾、吕夷简仍是十分恭敬。在百官面前，他也曾毫不掩饰地对他们说：

“我能力有限，担当不起太大的责任，如有要事，你们不必问我，可直接向二位宰相报告。”

一次，宋绶约蔡齐去拜见王曾，而对在旁的盛度未置一语。盛度心中十分难受，对家人说：

“同为参知政事，而我竟遭宋绶当面轻侮，可见弱者难堪啊！”

盛度的家人气愤地说：

“大人何不找皇上理论？你这样被他们看轻，他们不是一手遮天了吗？他们结为朋党，不利朝廷，皇上不会不闻不问的。”

盛度说：

“无凭无据，皇上不会轻信，何况他们要是反咬我一口，我就危险了。这种时候，我什么都不能做啊。”

盛度对宋绶、蔡齐也恭恭敬敬，就像他们的属官一般。遇有大事，盛度从不提出自己的见解，而只以他们二人的意见为准。宋绶、蔡齐觉得盛度乖巧听话，心中十分满意。

有人替盛度打抱不平，对仁宗说了盛度被排挤的事。仁宗把盛度召来，当面问他说：

“你是国家重臣，但听说有人压制你，有这样的事吗？”

盛度一口咬定说：

“绝无此事，皇上不要听信谗言。我自知能力不济，怕逞强误国，所以凡事都要与同僚相商。如果这有什么不对的话，那也只能怪我愚钝了。”

仁宗放下心来，转而称赞王曾等人勇于任事。

尽管如此，王曾、吕夷简对盛度仍无好感。盛度担心惹上祸患，有心求退。这天，他对家人说：

“一个人活在世上，如果不能保全家小，那么就是最大的失败。我现在处境困难，不如引退自安吧。”

家人鼓励他说：

“大人能力过人，只因遭人排挤才会有志难伸，切不可为了我们而放弃啊。你已苦熬多年，相信不久就能出头。”

后来，王曾和吕夷简关系紧张，二人都各拉援手。盛度对二人都不得罪，私下却为朝廷担忧，他对家人说：

“朋党之争是朝廷大患，他们这样搞下去，不仅两败俱伤，更对朝廷不利啊。我当找机会劝谏皇上。”

王曾、吕夷简越斗越凶，最后，二人竟向仁宗递上奏章，请求退职外任，以示不能并立。仁宗十分惊骇，心中生疑。

一日，仁宗宣召盛度，说：

“二位宰相不知为何，都提出外任之请，你知道其中的缘故吗？”

盛度见仁宗一脸不快，自度时机已到，遂开口说：

“听闻二位宰相大人各有朋党，他们的争斗也与此有关。陛下何不分别询问他们心目中的继任者？这样就真相大白了。”

仁宗更为不快，说道：

“果真如此，他们真是太让朕失望了！”

仁宗先后向王曾和吕夷简提出这个问题，二人不加防备，一一作答。王曾力荐蔡齐，吕夷简推举宋绶。同时，二人又不约而同地对对方赞许的人加以攻击。

仁宗一眼便看出了他们各自之间的朋党关系，一怒之下，同时罢免了这四个人的职务。

仁宗命盛度主持朝政，还对百官说：

“盛度不依附朋党，长期为人压制，但难得志向不失，仍尽心为朝廷效力。朕重用他，一来可以弥补朕的过失，二来也是褒奖他啊！”

原文

奉强损之，以其自乱也。

译文

尊奉强者可以损害他，用这个方法能使其自乱方寸。

释评

弱者敬强者，不仅是现实的需要，更是弱者制胜图强的需要。对强者的尊重和逢迎，能极大地满足强者的虚荣心，令其骄纵智昏，渐渐走向荒唐。这种谋略看似无形，实有大效。

事典

贾南风的“演技”

西晋惠帝时，太傅杨骏把持朝政，独断专行。

惠帝的皇后贾南风迷恋权势，诡计多端。她对杨骏十分不满，一直想取而代之。

宦官董猛是贾南风的心腹。一次，贾南风对他说：

“如今天子形同虚设，我虽贵为皇后，也要处处看人脸色，这正常吗？”

董猛知道贾南风的心事，说：

“太傅专权，百官臣服，这局面一时难以撼动。皇后有心整顿朝纲，现在也不是时机啊。依我看来，皇后不可轻举妄动。”

贾南风虽是女人，但个性强悍，心狠手辣。她冷笑一声，说：

“我已忍了很久，杨骏老贼势力愈大，地位愈加稳固，到头来我能得到什么？不能再这样下去了，我们该动手了。”

董猛身份卑微，却颇有才智。他竭力苦劝说：

“敌强我弱，这是不争的事实，意气用事只会把自己葬送。皇后对太傅礼敬有加，已将太傅稳住，不致威胁皇后地位，这已是成功的第一步了。皇后还要把戏演下去，只要演得逼真，太傅一定以为高枕无忧，更加得意忘形。如此情况下，一旦他自乱阵脚，皇后就有机可乘了。”

贾南风听董猛说得有理，只好暂把野心压下。第二天，贾南风以惠帝名义把杨骏召来，赐以恩宴。

宴席之上，贾南风亲自给杨骏敬酒，说：

“太傅为国操劳，日见憔悴，足见太傅的一片报国之心。我虽是女流之辈，但也敬仰太傅的威名。”

杨骏见贾南风这样恭维自己，分外快活。他饮过数杯之后，说话也放肆起来，吹嘘说：

“为国效力，本就应当，但我的功劳是别人比不了的。有人说我专权，对人严厉，可要治理好一个国家，不这样行吗？反对我的人都没有好下场，我对逆臣贼子从来是不宽容的。您说我这样做对吗？”

贾南风连连赔笑，说道：

“太傅的苦心，逆臣贼子焉能体察？皇上和我永远支持你。”

杨骏没有了顾忌，更加胡为。他在朝中遍植亲信，不顺从他的人一律得不到重用。

殿中中郎孟观、李肇因不是杨骏的心腹，无端遭到杨骏的冷落和排斥。二人心中不服，常在一起饮酒消愁。

贾南风知道这件事后，马上派董猛游说他们。于是，孟观、李肇被拉入贾南风的阵营，时刻准备向杨骏发难。

杨骏任人唯亲，狂妄不羁，激起了许多人的怨恨。太傅主簿朱振感到事态严重，多次对杨骏说：

“太傅高高在上，许多人表面敬奉你，其实未必真正和太傅一条心。太傅只用亲信，大违朝廷的制度，其他人能不怨恨吗？”

杨骏说：

“皇后尚且对我唯唯诺诺，我还怕其他人吗？如有叛逆，格杀便是！”

看到杨骏不得人心，贾南风喜不自禁。她一如既往地赞颂他，从没有半句责备之词。有时，她还亲自出面为杨骏辩护。

后来，贾南风见时机成熟，骤然发难。她联合楚王司马玮等人，诬陷杨骏谋反，一举将他除掉。从此，朝政大权尽归贾南风所有了。

原文

示弱愚之，以其自谬焉。

译文

显现弱小可以愚弄强者，用这个方法能使其自犯错误。

释评

弱者要战胜强者，仅凭正确行事是远远不够的。由于二者实力悬殊，因此弱者要用更多的智慧来削弱强者，促其自我衰败。无数的事实证明，弱者示弱并不是自暴家丑，它可以让强者减少戒心，进而在决策上产生错误，埋下隐患。

事典

“胆小”的刘备

刘　备

字玄德，汉室宗亲，三国时期蜀汉开国皇帝。在东汉末以讨伐黄巾军登上历史舞台，在群雄逐鹿中逐渐强大，占据了巴蜀之地，与北方的曹操和东部的孙权鼎足而立。221年称帝，国号为汉，史称蜀汉。

镜　鉴

弱时勿显大志，顺奉一时，功成一世。

三国时期，曹操打败吕布，占领了徐州，势力进一步壮大。实力弱小的刘备虽有宏愿，但迫于形势，只好暂时依附曹操。

曹操人称奸雄，对刘备并不放心。他对心腹说：

“刘备素有大志，眼下他归顺于我，谁知道他是不是真心呢？你们要对他严加防备，一有异常，速来报我。”

刘备随曹操到了许都，暗中却和董承、种辑、吴子兰等大臣结成了灭曹的联盟。为了不让曹操生疑，刘备表面上不问政事，只在后花园种菜。

关羽、张飞见兄长不务正业，不安地问他：

“我们大事受挫，如今寄人篱下，兄长还只顾着种菜浇园，不是更让人笑话吗？”

刘备只笑不答，依然如故。

刘备的举动让曹操琢磨不透。为了试探刘备的真意，一天，曹操在亭中备下梅果，请刘备前来饮酒。

刘备应邀而至，心中忐忑不安。他唯唯诺诺，一句话也不敢多说。

曹操脸上带笑，说：

“玄德见闻广博，可知谁是当今的英雄吗？”

刘备不明曹操真意，含糊道：

“我孤陋寡闻，所知甚少，不过依我看来，淮南的袁术可算英雄。”

曹操笑道：

“袁术哪里算得上英雄？他不过是坟中的枯骨罢了。”

刘备急忙赔笑，说：

“河北的袁绍出身高贵，占据四州之地，他一定是个英雄！”

曹操正视刘备说：

“袁绍外表凶猛，内心胆小，干大事而惜身，见小利而忘命，他不是英雄。”

曹操再问。刘备又说：

“刘表坐镇荆州，为人谦和，颇能礼贤下士，他还算不上英雄吗？”

曹操摇头道：

“刘表徒有其表，与实不符，你太高看他了。”

刘备又举出孙策、刘璋、张鲁等人，皆被曹操一一否定。刘备心中慌乱，最后说：

“我一个无用之人，实配不上谈论天下英雄，还请勿怪。”

曹操笑看刘备，一字一顿道：

“玄德真的不知吗？”

刘备摇头。曹操说：

“英雄者，要胸怀大志，腹有良谋，非等闲人也。”

刘备说：

“这样的人太少了，望请赐教。”

曹操用手指了指刘备，又指了指自己，说：

“能称得上英雄的，只有你和我啊！”

刘备心惊，手中的筷子不觉掉在地上。正巧天边炸雷响起，刘备掩饰说：

“我的胆子太小了，刚才的雷声真的把我吓坏了。”

曹操见刘备色变，真的以为他是个胆小鬼，不禁疑虑顿消，忍不住哈哈大笑起来。

刘备惊魂不定，回到府中仍冒冷汗。他对关羽说：

“曹操奸诈，果不其然，我们一定要小心应对这个人。我现在暂时瞒过他了，只怕日后他会察觉出来！”

于是刘备更加低调行事，不敢有丝毫大意。曹操对他的戒心渐去，放松了对他的监视。最后，刘备寻机离开了徐州，逃离了凶险之地。

保愚卷 第二

人不知者多矣。知之幸也，不知未咎。

智以智取，智不及则乖。愚以愚胜，愚有余则逮。

智或难为，愚则克之，得无人者皆愚乎？

上不忌愚，忌异志也。下不容诈，容有诚也。

上明而下愚，危亦安。下聪而上昏，运必尽。

言智者莫畏，畏言愚也。

本卷精要

· 聪敏不外露，愚钝宜外显。

· 愚以愚胜，是愚人成功的途径。

· 虚心的人，才能领悟世事的真谛。

· 不要怕说自己聪明的人，要怕说自己愚笨的人。

原文

人不知者多矣。

译文

人们不懂的事情太多了。

释评

人和自然及社会相比，始终是渺小的。在无穷奥妙的宇宙面前，人应该保持一种谦卑态度。实际上，人的知识再广博，所知的也很有限，这就决定了人不能自恃聪明，傲视一切。总有人处处显露精明，玩弄手段。他们自以为这才是聪明的表现，也因此得到一时的实惠。但这其实是一个致命的错误，真正聪明的人会勇于承认自己的无知。

事典

刘歆的不慎

刘　歆

刘向少子，西汉皇族，学者。汉成帝时，受诏与其父刘向领校秘书，讲六艺传记。汉哀帝时，继承父业，总校群书。后为王莽之国师，因谋诛王莽，事泄自杀。

镜　鉴

纸上谈兵不可信，行事须慎，谋事须谨。

西汉成帝时，著名大儒刘向受成帝的指派，率领儿子刘歆和大批学者整理内府藏书。

刘向治学严谨，为人正直，他告诫儿子刘歆：

“我们读书人有个毛病，一旦书读多了，便以为无所不知，自高自大。你一定要注意啊！”

刘歆聪明好学，深得父亲喜爱，他提出疑问说：

“父亲学问精深，受人敬仰，难道非要做出谦逊之态吗？和那些无知的俗人相比，父亲用不着自谦啊！”

刘向一听大怒，斥责说：

“我哪里是惺惺作态？我是真的自觉无知啊！你这样狂妄，将来要吃大亏的！”

刘歆心中不服，对刘向的话并不放在心上。他对别人说：

“我父亲事事不张扬，太迂腐了。如果换作他人，早就获得更高的官职了。”

刘歆学问有成。在别人的恭维声中，刘向提醒儿子说：

“你现在学问很好，但我并不想夸赞你。很多人就是在他人的赞颂声中毁灭的，因为这助长了他们的傲气。天地如此之大，我们所学所知的实在太少。你要时刻牢记这一点，做事才不敢张狂啊。”

在整理图书的过程中，一批战国以前的典籍出现在世人面前。刘向对此并不推崇，而刘歆却主张向天下人推行这些典籍。为此，父子二人发生了争论。

刘向劝说儿子道：

“古籍固然有其价值，但它并不能揭示万物的规律。世事千变万化，一切贵在创新，何必拘泥于古呢？”

刘歆辩论说：

“是好是坏，相信人们一看便知。我敢断定，我的意见终会有人赏识的。”

后来，汉平帝继位，王莽掌握了朝廷大权。为了篡权的需要，他召来刘歆，假作诚恳说：

“先生聪明过人，从前主张推行古籍，这实是有远见之举啊！我的心意和先生相同，先生的大志可伸了。”

刘歆感激涕零，以为自己终于可以大展宏图了。有人提醒他说：

“如果事关国家命运和个人前途，那么一切就必须慎重考虑。王莽要重用你，福祸未知，你不能太草率。”

刘歆自信满满地说：

“我一向不甘为人下，如今终于有了出头之日，可见苍天佑我。以我的智慧，只要王莽纳谏，天下的局面定会焕然一新。”

刘歆自恃己能，频频向王莽进言，建议全面复古。他信誓旦旦地说：

“在我看来，世事的变化已被古人全然掌握，现在只需大胆实行。治理天下虽不是易事，但只要多读一些古书，也就了然于胸，可化难为易了。我看古籍所述完全可行，称得上尽善尽美了。”

刘歆的朋友为他担心，说：

“凡事说起来容易，但做起来就难了，你不该轻下断言。纸上谈兵误国害己，怎能轻谈治国之术呢？”

刘歆暴跳如雷，大骂朋友是个愚人。朋友说：

“我宁肯做一个愚人，这样至少不会招惹祸患。你现在觉得自己无所不能，但将来一定会后悔的。”

王莽依刘歆的建议全面改制，结果惨遭失败，激起了各地民变。

刘歆害怕王莽追究，又自作聪明地想要发动宫廷政变，除掉王莽。但是，消息很快被泄露出去，刘歆在绝望之下自杀了。

原文

知之幸也，不知未咎。

译文

能将事情弄懂是幸运的，但不懂也不是坏事。

释评

愚人往往因愚钝自卑，其实不必如此。事情有它的两面性，愚钝固然是一种缺憾，但也有它的好处，那就是愚钝的人不会想入非非。以愚人面目出现在人们面前，能减少人们的戒心和敌意。特别是对于自负多疑的当权者而言，“愚人”往往最能得到他们的重用。历史上许多人遭遇横祸，往往不是因为他们不够聪明，而是因为他们不懂“愚”的智慧。

事典

不为己谋的于烈

北魏孝文帝时，于烈在朝做官，从不主动进谏。一次，孝文帝问他：

“你身为大臣，难道没有一点儿主张吗？”

于烈回答：

“臣自知愚钝，所以不敢妄议国家大事，臣只听陛下号令。”

孝文帝一笑，说：

“议论国家大事，乃是做人臣的职责，你不发一言，已是失职了。”

于烈并不申辩，主动请罚半年俸禄，还一再自称有罪。

有人替于烈感到羞辱，对他说：

“百官嘲笑，皇上责罚，你不感到难堪吗？你应该好好读书，和贤人结交，这样才能聪明一点儿啊。”

于烈反驳说：

“你们可以笑我愚钝，但我对皇上是忠心的。”

孝文帝准备迁都洛阳时，文武百官大多反对。他们提出种种理由，这些理由听起来也都合情合理。

有的大臣问于烈的态度，于烈只回答说：

“你们说得头头是道，我是万万不能说得像你们那么好的。但我只听皇上的命令。”

有人说于烈愚忠。他也不生气，只是笑着说：

“只要皇上圣明就行了，我们做臣子的用不着太聪明。”

一次，在朝堂之上，孝文帝当面问于烈是否赞成迁都。于烈说：

“陛下天资过人，做这样的决断自有道理。我这个愚人猜测不出，并不想多言。”

孝文帝十分感动，说：

“反对我的人不在少数，他们自恃聪明，实际上只有你了解朕的心意。”

迁都洛阳时，于烈被委以重任，全权处理旧都城的大小事务。不少人感到惊愕，孝文帝却说：

“留守故地，责任重大，非大忠者不能用之。于烈虽愚钝，但忠心耿耿，不会自作主张，这样的人才让朕放心哪。”

太和十九年（495），朝廷大规模选拔官吏。于烈的儿子于登依照法令要求升官，他理直气壮地对于烈说：

“我为官清廉，并无过失。父亲这次也该帮帮孩儿了！”

于烈眉头不展，回答：

“我身在朝廷，一旦你升迁，总会有人说我假公济私。依我之见，不如以后再说吧。”

于登争辩说：

“父亲如此顾忌，难道孩儿的前程就不重要吗？”

于烈坚持反对。于登索性直接上书，要求升职。

于烈知道这件事后，十分生气。他痛斥于登一顿，又给孝文帝上书说：

“陛下圣明，做臣子的更应谦让守礼。我儿于登求官心切，都是我教导无方，请陛下将我免职。”

不少人认为于烈傻气。有的劝他说：

“做父亲的纵使不为儿女的将来打算、谋划，也不能阻碍他们。你的儿子求迁并不违制，你不应反对啊。”

于烈气呼呼地说：

“我和我的儿子现在已过得很好了，他不该不满足。如果他现在把心思只用在升官上，我担心他以后会不务正事。”

孝文帝看到于烈的奏书，感慨万分，对百官说：

“选拔官员时，多少人为了自己的子侄能够升迁而绞尽脑汁，独于烈不为己谋，朕甚感欣慰啊！”

孝文帝于是加授于烈为散骑常侍，封聊城县开国子，食邑两百户。

原文

智以智取，智不及则乖。

译文

智者利用智计取胜，但智计有失就会事与愿违。

释评

智计没有万全的，再高明的智者也有失算的时候。爱用智谋者常常是痛苦的，他们整天盘算，用尽心机，殊不知有些事是人无法测度的。更可怕的是，智者的自负往往使他们背上沉重的包袱，一旦遭受挫折，脆弱的心灵会承受巨大的打击，最终导致自身的毁灭。在天外有天、人外有人的世界里，一个智者如果心态不正，那他的命运注定是坎坷的。

事典

丁谓的骄狂

北宋真宗时，契丹侵犯河北，真宗亲征澶渊。丁谓为真宗献计献策，颇有功效，于是真宗任命丁谓做郓州知州。

丁谓文才出众，善使计谋。一次，契丹入侵，百姓纷纷向杨柳渡逃难。渡口摆渡的船主趁机索取重财，否则不肯助人过河。

丁谓听到这个消息，马上将一个死刑犯假作船主拉到河边斩首。船主畏惧，百姓得以过河。他又把百姓组织起来，布置疑阵。契丹兵不知虚实，很快退去了。

由于才干出众，丁谓不久就升迁为右谏议大夫，代理三司使。他用心尽力，令真宗十分欣赏，后来又加官为枢密直学士。

丁谓一路升迁，很是得意。他曾大言不惭地对人说：

“我天生聪明，寻常人哪能和我相比呢？”

丁谓身在朝堂，开始挖空心思打击别人，抬高自己。他并不满足眼前的地位，曾公开宣示说：

“做官当为相，我自信我的才能远超常人，现在就差为自己谋划相位了。”

为了达到目的，丁谓千方百计地讨好皇帝。一次，真宗想要封禅，却担心国库用度不足，于是把负责管理钱财的丁谓找来，向他询问说：

“许多人反对封禅，朕也忧心花费太大，你有何看法？”

丁谓不顾当时国库空虚的实情，连忙献媚道：

“封禅乃是国之大事，岂可废之？陛下圣明，如今国库充盈，花费再大也足以支付。何况陛下敬天为民，完全是造福天下之举，花些钱财又算得了什么呢？”

真宗于是下了决心封禅，又盛赞丁谓理财有方，为国分忧。

封禅之举劳民伤财，引得天下非议，而丁谓却因此赢得了真宗的厚爱。

宰相寇准看不惯丁谓的狡诈，曾当面对丁谓说：

“为国尽忠，为皇上出力，需要付出真心。你太讲究智谋了，别人觉得你聪明，而我看你是华而不实。”

丁谓心里怨恨寇准，暗地里对心腹说：

“我久居寇准之下，早就不耐烦了。我苦思良策，还望你等相助。”

丁谓指使心腹频频参奏寇准的过失，终于将寇准扳倒，自己做了宰相。

丁谓一得志，更加骄狂。他对大臣李迪看不顺眼，拼命在真宗面前诋毁他。

一次，两人在真宗面前发生争吵，李迪怒斥丁谓：

“你机关算尽，不怕遭报应吗？我不如你狡诈，相信皇上自有明断。”

丁谓更是破口大骂，真宗都制止不了。真宗一气之下，把两人都降了官职。

仁宗即位后，丁谓百般献媚，又获重用。这时，有人对他说：

“大人手段高明，罕有对手，现在强敌既去，大人当收敛智计，多干实事，让皇上真正感受到大人的忠心。”

丁谓咧嘴一笑，说：

“干实事而不会讨取皇上欢心，又有何用呢？”

丁谓的心腹雷允恭做山陵都监时，倚仗丁谓的权势为非作歹。有人劝丁谓约束一下雷允恭。丁谓却说：

“我深得皇上厚爱，百官是不敢和我作对的。”

后来，雷允恭擅自变换皇家的陵地，被人告发，惹得皇上大怒。丁谓百般狡辩，却因包庇雷允恭的事实俱在，终获大罪。他被一贬再贬，最后死于光州。

原文

愚以愚胜，愚有余则逮。

译文

愚人将愚作为胜利之法，到一定程度就能达到目的。

释评

有时人们只想要小聪明，结果画虎不成反类犬。换一个角度看问题，只要能达到目的，笨方法也是好方法。历史上的许多成功者，他们并不聪明，相反，却看似愚笨十足。正因为“愚笨”，他们不投机取巧，所以做事能坚持不懈，持之以恒，在许多聪明人眼中的畏途上，硬生生地杀出一条血路。其实，成功更偏爱愚人，成功最需要一种心无杂念的“傻劲”。

事典

打击豪强的董宣

东汉光武帝时，董宣任北海国相，对犯杀人罪的当地大族公孙丹父子施以极刑。公孙族人不服，到官府闹事。

董宣性格刚直，他命人把闹事者全部逮捕，共有三十多人。

对如何处置这些闹事者，衙门里的人意见不一，更多的人主张轻罚。

他们对董宣解释说：

“这些人手持兵器，公开闹事，确属大恶；不过他们势力强大，一旦处治他们，恐怕会激起更大的祸乱。现在首恶公孙丹父子已然伏法，不如饶了这些人，以免招来不测之灾。”

董宣不同意众人的意见，说：

“公开闹事，形同造反，不加以严惩，恶贼的气焰就会更加嚣张。我不管这样是否会对我不利，我坚持严办！”

董宣把他们通通杀掉，一个不留。

青州牧认为董宣杀人太多，于是上书弹劾董宣。公孙家族又花重金行贿朝中官员。结果，董宣很快就被定罪，关在死囚牢中。

董宣的一位好友去探视他，责怪他说：

“你得罪豪族在先，杀人太多在后，能有好结果吗？你只想为民除害，却一点儿也不为自己着想，太傻了。”

董宣并不后悔，对好友说：

“我自知愚笨，然而我没必要改变这一点。事已至此，我只恨恶人横行，法理不公啊！”

行刑的那一天，在最后关头，光武帝派人赶到刑场，赦免了他。光武帝又召见他说：

“你用法虽苛，却不为私利。朕这次饶你不死，望你切记此中教训。”

董宣死里逃生，恍然若梦。不少人前来向他贺喜，有的也特别警告他说：

“若非皇上开恩，你焉有命在？都怪你做事过于认真固执，以后可要聪明些了。”

董宣口头应承，其实并不在意。

董宣后来出任洛阳县令。一次，湖阳公主的一个家奴杀了人，躲藏在公主府中。董宣的属下向他汇报了实情。董宣顿感事情棘手，一时无言。

他的一位属下便说：

“湖阳公主是皇上的至亲，万万不可得罪，大人别再追究此事了。”

董宣眉头一皱。那个属下见状，接着说：

“大人深受皇上恩典，时下正是报恩的时候。再说大人从前受难，也是得罪豪强所致，不可重蹈覆辙了。”

董宣脸色大变，最后说：

“维护朝廷纲纪，怕这怕那是无法胜任的。别人也许会装聋作哑，但我不能！”

董宣带人趁湖阳公主出游时捉住那个杀人的家奴，当场杀死了他。湖阳公主向光武帝告状，光武帝立时大怒，急召他入宫，想用鞭子抽死他。董宣已做了必死的准备，因此并不恐慌。他向光武帝磕头说：

“臣愚不可及，不会讨取陛下的欢心。陛下如果因为臣不能卖乖取巧而杀臣，臣无话可说。”

光武帝闻言一怔，脸色稍缓。董宣索性放言道：

“臣虽愚笨，却也知道保命的方法。怎奈臣受皇恩，职责所在，不愿做奸猾小人。陛下凭借无上的仁德，恢复汉室江山，如今若纵容公主家奴杀害无辜的百姓，陛下将以何治理天下呢？”

光武帝听之，似有所悟。

董宣随后撞向厅前的柱子。光武帝命人拉住他，说：

“不管怎样，公主受惊不小，你需叩头请罪。”

董宣不肯。光武帝身边的人强按他的头，他也决不低下。

事后，光武帝理解了董宣的忠心，对他特别敬重，还赏赐董宣三十万钱，让他放手打击为非作歹的豪强。

原文

智或难为，愚则克之，得无人者皆愚乎？

译文

凭借智慧难以处理的事，用愚笨的方法却可以解决它，这恐怕是人们都是愚人的缘故吧？

释评

在大千世界面前，人们所知不多，实不能以聪明自诩。把自己看得愚笨一些，并没有坏处，这可以使自己少些狂妄，多些敬畏，顺应自然及社会的规律。过分推崇智计的人，反而干下许多荒唐可笑的事。实际上，在自然面前，没有一个人是真正聪明的，只有放下自傲，虚心学习，才能领悟更多世事的真谛。

事典

长孙顺德的醒悟

在唐朝建立的过程中，长孙顺德有大功，被封为薛国公，任左骁卫大将军。

长孙顺德极其聪明，不仅善于打仗，而且在官场上也游刃有余，仕途通达。他曾嘲笑一个久不升迁的同僚说：

“我和你同时投靠皇上，为何今日地位有天壤之别？你不该反省一下吗？”

同僚说：

“你和皇上是至亲，又多有战功，这都是我无法和你相比的。”

长孙顺德摇头说：

“在官场上最需要钻营，要用智，要敢为。我平日无时无刻不在苦思，连说话的语气都要事先揣摩。看你埋头做事，却不思此中道理，长久得不到升迁也就不奇怪了。”

唐太宗继位后，长孙顺德受封一千两百户。太宗为示优待，还特别赏赐了宫女，并允许他经常住在宫中。

和唐太宗闲谈时，长孙顺德总是劝谏说：

“现在天下初定，陛下不可太仁慈，当敢作敢为，不要顾虑太多的非议。天下是陛下的，陛下怎么做都不过分。”

唐太宗不赞成长孙顺德的说法，教训他说：

“正因为天下初定，朕才要顺应民意，以仁治国。个人的智慧不能取代民心，朕也不敢独断专行啊！你太强调自我，太过霸道，以后要有所收敛。”

长孙顺德仗着皇上的宠爱，对朝廷法纪并不看重。一次，他和朋友聊天时说：

“任何法纪都有它的漏洞，关键看你是否能找出来。有人说我违法，可他们查无实据，又能把我怎么样呢？”

长孙顺德贪赃枉法，挥霍无度。为了逃避制裁，他每次都指使家奴收受别人的贿赂，自己从不出面。他得意地对心腹说：

“万一事发，我便推托不知，大不了治我管教家奴不严之罪。”

长孙顺德用尽心机，事情还是败露了。唐太宗又气又恨，对大臣们说：

“长孙顺德官高爵显，为什么干这种糊涂事呢？都是他自以为是的缘故。朕应该让他记住这个教训。”

出乎所有人的预料，唐太宗并没有惩罚他，而是赐他几十匹绢。

大理寺少卿胡进对唐太宗说：

“长孙顺德已然犯罪，本该受刑罚。陛下这样做不合法度，让人费解。”

唐太宗说：

“长孙顺德是个聪明人，我这样做只想引起他的愧疚之心。如果他仍不知悔改，那再惩治他也不迟。”

长孙顺德见皇上不罚反赏，并没有深思，只以为是皇上念及他的功劳，所以一点儿也没有悔改之意。

唐太宗见没有功效，立即将长孙顺德免职，并严加痛斥。

长孙顺德赋闲在家，一度怨气冲天，不可遏止。他脾气暴躁，动不动就打骂家奴，形似疯癫。

一日，他的一位老友见他这个模样，叹息着对他说：

“你心中不服，不甘如此，是吗？”

长孙顺德又吼又叫，神情激动。

老友不听他的苦诉，打断他说：

“你以聪明自居，不畏上天，鄙视他人，这是你的大毛病啊！你的心机用过头了，为什么不甘做一个愚人呢？你的祸患都是因为你的小聪明而起的。”

长孙顺德苦思多日，终于想通了。他急把老友请来，诚恳地对他说：

“多谢你的教诲，否则我真是无可救药了。我本凡夫俗子一个，却偏以圣贤自居，如此怎会心平气顺？我不知道天高地厚，早该受此责罚。”

从此，长孙顺德性情大变，分外谦和起来。他在家饮酒赏花，心情也不压抑了。他还常对家人说：

“我有幸衣食不愁，有酒有肉，而我从前不知道珍惜，想想真是无地自容。我要感谢上天的厚待啊。”

一年之后，唐太宗观看功臣图，又怜悯起长孙顺德。他派人去观察长孙顺德的生活状态，去的人回报说：

“长孙顺德无怨无尤，饮酒赏花，快乐逍遥，和从前判若两人。”

唐太宗又深入了解了他的言行，十分高兴，不仅恢复了长孙顺德的爵位，还任命他为泽州刺史。长孙顺德在刺史任上，一改过去的恶习，行事低调，谦逊勤政。

从前，泽州的地方官员接受百姓馈送的礼品已形成一种惯例，而长孙顺德彻底纠正了这一弊政。他告诫下属官员说：

“我们为官的并不比百姓高人一等，本该为百姓做事。倘若自我放纵，那么祸不可测啊！”

原文

上不忌愚，忌异志也。

译文

当权者不忌惮愚人，而忌惮不忠的人。

释评

人的行为举止，受社会环境的制约，有深刻的社会根源。从这个角度看，不难发现历史上的封建当权者为了保住自己的权力和私利，并不会像他们所说的那样选贤任能、大公无私。只要对他们效忠，愚人也有可能位列朝班。相反，那些有独立见解的贤人常被猜疑，成为当权者打压的对象。

事典

无罪被贬的陈禅

东汉时，陈禅任巴郡功曹。他虽熟知官场恶习，却一尘不染。

一次，一位豪强带上重礼，求他办事。陈禅以不合法度为由，拒收礼金，还厉声斥责了他一顿。

那位豪强怀恨在心，指使人殴打陈禅，以致陈禅卧床长达三个月。

这件事在同僚之间传开，同僚都暗中嘲笑陈禅不懂人情世故。好心人私下见他，苦口婆心地劝他说：

“你一个小官，何必严守品德呢？现在上行下效，人们见怪不怪，你用不着苦了自己，又让所有人对你不满。”

陈禅苦笑着回答：

“你们一定笑我不会同流合污吧？其实要那样做很简单，装傻充愣即可，但我的良心不容许自己那么做啊！”

陈禅在州郡主掌文书案卷时，事事精明用心，惹得许多人不快。他们不时向刺史告状，想把他扳倒。

刺史于是疏远了陈禅，还警告他说：

“你太过精明了，人人都怕遭你算计，才会反对你，你难道不知吗？”

陈禅气愤地说：

“他们挟私报复，满嘴胡说，大人也不相信我吗？”

刺史心中狐疑，未置可否。

不久，刺史被人诬陷贪污受贿，陈禅也被诬指为刺史的同党。同僚在狱中动用酷刑，逼陈禅就范。

陈禅坦然受刑，并坦言：

“我知道自己为什么会有今天的结果，是因为我太清醒了。你们恨我屡坏你们的好事，所以尽情报复。”

陈禅宁死不屈，最后被放出，遍体鳞伤，惨不忍睹。

家人劝他糊涂一点儿，说：

“你屡受打击，应该吸取教训了。睁一只眼闭一只眼，对谁都有好处，怎么只有你不会呢？”

陈禅指着家人怒声说：

“我忠心为国，岂是为了一点儿私心？我怎能和那些奸人一样呢？难道你们也不了解我吗？”

东汉永宁元年（120），西南夷掸国王向汉朝派遣使者，并有乐队和魔术队随同献艺。魔术队的人口能吐火，令人深感神奇。

当时，在朝中任谏议大夫的陈禅对此不屑，说：

“这些巧技会让人耽于玩乐，应该抵制啊。”

一日，汉安帝和文武大臣在宫中厅堂看幻术表演。在人们的一片叫好声中，陈禅却对汉安帝说：

“帝王的厅堂庄严神圣，不应该表演夷狄的技艺。现在陛下受人蛊惑，百官不辨是非，臣实在看不下去了，所以力劝陛下不可再看这种表演。”

陈禅此言引起众怒。尚书陈忠大声呵斥他诽谤朝政，对皇上不敬。陈忠说：

“夷人来朝，这是皇上圣明的表现。你明目张胆地反对，分明蔑视皇上啊！”

群臣同声要求重惩陈禅。汉安帝也气得七窍生烟，说：

“陈禅让人扫兴，满口讥讽，他是把朕当成昏君了！”

服侍汉安帝的宦官同情陈禅，为陈禅求情说：

“陈禅一向敢于直言，他虽不敬，但毕竟不是谋私，皇上杀了他，以后谁还敢进谏呢？念在他并无大错，还是赦免他吧。”

汉安帝左思右想，也觉杀陈禅不妥，但他恨意难消，一时难下决断。

一个正直的大臣说：

“陈禅劝谏陛下不要贪图玩乐，这是忠臣所为，而奸猾小人只会逢迎陛下。陛下若杀这样的忠臣，臣愿意一同赴死。”

汉安帝心平气和后，亦觉这位大臣所说有理，就免去了陈禅的死罪。不过，汉安帝仍讨厌陈禅，就将他赶出了朝廷。

原文

下不容诈，容有诚也。

译文

地位低的人不容纳奸诈之人，而容纳有诚信的人。

释评

与普通人交往，老实诚信是最重要的。在他们眼里，显摆聪明、讲究谋划的人是要提防的，不能轻易相信。要诚信待人，就得抛弃多余的计谋，与人推心置腹。如能做到这一点，便能使所有人信服。反之，玩弄手段和高压措施都无法征服人心，终会徒劳无功。

事典

李崇的安民术

北魏孝文帝时，李崇被任命为荆州刺史。赴任之际，孝文帝对李崇说：

“荆州屡生变乱，朕准备调发秦、陕二州军队护送你上任。你要多多用心，不可鲁莽行事。”

李崇推辞说：

“陛下厚恩，臣不敢忘。不过臣此次赴任，陛下不需要发兵护送臣。臣认为，边境百姓之所以不断叛乱，是因为当地官员不爱护百姓。臣决心以诚待民，悉心安抚，消弭官民对立的祸根。”

孝文帝大喜过望，连声叫好，动情地对李崇说：

“难得你有如此胸襟和见识，有你在，何愁边患不平呢！”

李崇带着一纸诏书和数十名骑兵，前往荆州。一路上，他的幕僚担心他的安危，对他说：

“百姓深恨官府之人，不如我们改换便装，免得引人注意。”

李崇平静地说：

“冰冻三尺，非一日之寒。要化解百姓的怨气，就不能投机取巧。何况我们堂堂正正，用不着掩饰身份。”

荆州百姓见新官上任，又恨又怕，谁也不肯接近李崇。李崇明察暗访，处处遭遇冷眼。他的随从抱怨说：

“大人身份高贵，今日屈尊访民，他们却不知好歹，大人不必自苦了。”

李崇笑着说：

“往日官员高高在上，老百姓早对他们有成见，这岂是我一日便可改变的？只要我们有诚意，他们会欢迎我们的。”

日复一日，李崇的诚恳渐渐打动了百姓。人们说：

“这个刺史与众不同。他没有一点儿官架子，还和我们聊家常，他是个好官啊！”

李崇的声望日增，百姓也愿遵从官府的号令。李崇组织生产，打击暴徒，一时，荆州面貌大变。

后来，李崇被调任为兖州刺史。兖州强盗、叛民众多，实难治理。李崇上任之时，有人便劝他向朝廷要饷要兵，说：

“大人深入险地，如不严加防范，恐怕自身难保。从前历任官员只求自保，对剿匪一事并不用心。大人若一心杀贼，那就不能指望这里的百姓了。”

李崇训斥他轻视民众，说：

“向朝廷要饷要兵，那我这个刺史还有什么用呢？老百姓饱受贼患，只要我们当官的真心依靠他们，他们哪里会袖手旁观呢？你们把百姓当贼看待，难怪百姓不拥护你们。”

李崇轻车简从，走访每一个村落。他访疾问苦，流着泪对百姓说：

“这是片肥沃的土地，但贼盗的出现让这儿民不聊生。我李崇身为刺史，决心消灭贼盗，让你们安居乐业。我请求你们帮助我，可以吗？”

李崇的真情让百姓动容，他们说：

“大人为我们百姓除害，不计个人得失，我们怎能推托呢？从前的官吏贪生怕死，我们是求告无门呀！”

李崇为灭贼盗，广泛征求百姓的意见。他的下属说：

“老百姓愚不可及，只会听从命令，他们能有什么好主意呢？大人若有打算，只管下令执行好了。”

李崇勃然大怒，说：

“民不可轻！此乃圣贤的教诲，你怎么敢这样胡言呢？贼盗势力渐渐增大，这都是官府和百姓离心离德的缘故。”

李崇虚心纳言，百姓纷纷进言。一位老者主动来见李崇，献计说：

“贼盗出没无常，以致人们防不胜防。老朽认为，如能在每个村庄都建一座鼓楼，上置一鼓，哪里出现贼盗，那里的人便猛敲大鼓，这样周边村庄听到鼓声，便可守住交通要道，贼盗就难以逃脱了。”

李崇认为这个方法可行，于是下令让各村建立鼓楼。他把百姓编成队伍，轮番值守，一有情况便立刻出击。李崇又身先士卒，亲自上阵，百姓更受鼓舞。

此法实行不久，贼盗便纷纷落网。最后，猖獗一时的贼盗终被肃清，兖州恢复了安定祥和的生活。

原文

上明而下愚，危亦安。

译文

领导者精明而被领导者愚笨，情况虽然危险，但可以保持安定。

释评

封建专制社会推崇愚民政策，当权者唯恐百姓聪明，不利于他们的统治。在对官员的任用上，当权者也并非都能做到人尽其才，而是把愚忠作为第一标准。在当权者看来，只要自己精明就足够了，下面的人越愚笨，就越容易控制和摆布，这样纵使有办事不力之弊，也可杜绝犯上作乱的大祸。由此，为臣者大多喜欢装聋作哑，只在愚忠上下功夫。

事典

毫无保留的韩安国

韩安国

字长孺，西汉大臣。文武双全，能言善辩，初为梁孝王中大夫，吴楚七国之乱时，始闻名于世。武帝时，任御史大夫。后来，匈奴入侵，韩安国兵败，被掳千余人，抑郁而亡。

镜　鉴

聪明勿尽显，适可而止。

西汉时，韩安国早年跟随邹县人田生学《韩非子》和杂家学说。韩安国勤学上进，成绩优异，不想田生对他并不满意。

一次，田生考问韩安国，韩安国滔滔不绝，越说越兴奋，最后竟手舞足蹈，显得分外自信。

田生久久不言，后道：

“你的优点很多，但有一个缺点不能不改。你学的东西将来要服务于帝王之家，所以你无论如何都要保持谦恭之态，免得令人生厌。你只知卖弄学问，而不知帝王之尊，哪个帝王会真正喜欢你呢？”

后来，韩安国做了梁孝王刘武的中大夫，为他出谋划策。他用尽才智，一时博得了梁孝王信任。特别在吴楚叛乱时，他献计献策，又亲自带兵抵御吴楚之兵，名望一天比一天高，在梁国无人不知。

梁孝王刘武是汉景帝的弟弟，他自视甚高，一举一动都比拟天子。汉景帝对弟弟不满，窦太后也因梁孝王的无礼而气恼。

梁孝王心生恐惧，就此事向韩安国问计。韩安国说：

“我有办法为大王分忧，请大王允许我进京游说。”

韩安国来到京师，拜见汉景帝的姐姐馆陶长公主，哭着对她说：

“梁王乃大孝之人，吴楚七国谋反，梁王舍命杀敌，对国家实有大功。梁王现在讲究排场，也不是怀有私心，而是想让天下人知道，太后、皇上都爱护他。”

长公主将韩安国的话转告给窦太后，窦太后马上转怒为喜，汉景帝也消除了对梁孝王的疑虑。

韩安国办成此事，有些沾沾自喜。一位和他私交甚密的友人没有像众人那样祝贺他，反而说：

“你的大名举国皆知，我看未必是好事啊，你不要高兴得太早了。”

韩安国感到意外，忙问：

“你这是何意呢？”

友人忧心地说：

“你竟敢在皇太后、皇上、梁王面前显摆聪明，调解其纷争，不是太大胆了吗？你的心机如此过人，不留余地，有人便会心生不安了。”

韩安国正是得意之时，对友人的话只是付之一笑。

梁孝王死后，梁共王即位。韩安国反复向梁共王进谏治国之策，不料梁共王对他的态度日趋冷淡。

韩安国不解，私下对家人说：

“我自省并无错处，为何大王疏远我呢？真是太奇怪了。”

梁共王的心腹也不知梁共王这样做的心意。一次，心腹忍不住问：

“先王倚韩安国为栋梁，大王如今弃用他，不是太可惜了吗？”

梁共王阴沉着脸说：

“先前乱事不断，父王是不得已而用之。如今国家太平，像韩安国这样的狡诈之人，不能再用了。他那么聪明，如果反戈相向，不就麻烦了吗？现在用些愚人，坏不了大事。”

梁共王随便抓了韩安国一个错处，贬了他的官，命其在家闲居。

后来，汉武帝召他入朝。一次，匈奴派人来请求和亲，群臣多数表示反对，只有韩安国赞成和亲。他对武帝说：

“一旦战事开启，我军将士需远行千里去征战，而匈奴却以逸待劳，形势对我军不利啊！和亲可免战祸，亦能趁机养精蓄锐，实为上策。”

汉武帝认为他有远见，遂答应和亲。

后来，随着将军卫青建功立业，匈奴的威胁日见减少。韩安国不知形势已变，仍是不停地向武帝进谏。

汉武帝表面上不动声色，心中却极为反感。他曾愤愤地说：

“韩安国不知自重，整天说东道西，难道他认为朕如此无知吗？”

匈奴南侵，韩安国任材官将军，屯兵渔阳。后来兵败，他的官职被一降再降，最后在心情郁闷中呕血死去。

原文

下聪而上昏，运必尽。

译文

被领导者聪明而领导者昏庸，好运一定会完结。

释评

封建社会，昏庸无道的人一旦身处高位，便会毫无约束，极易失去理智。对于爱耍小聪明的人来说，这样的领导者是最容易摆布的，自己也能轻松地从中获利。而在这种情况下，国家或事业也注定是没有前途的。

事典

萧昭业的任意胡为

萧昭业

南朝齐第三任皇帝。萧昭业工于隶书，容貌俊美，然无为君之才。生活奢靡，赏罚不明，朝政皆托于萧鸾。后被萧鸾派兵弑杀。

镜　鉴

居上者无道，居下者危矣。

南北朝时，南齐的第二任皇帝萧赜死后，二十一岁的皇太孙萧昭业继承了皇位。

萧昭业自幼容貌清秀，十分聪明，且能言善辩。当时，身为皇太子的父亲萧长懋见他过度精明，不喜反忧。他伤心地对自己的妃子说：

“昭业生在帝王之家，聪明却自负，他一旦有了权力，哪里还会把别人放在眼里呢？我看这并不是好事啊！”

萧长懋早死，萧昭业在别人面前大放悲声，暗地里却十分欢喜。他为了早日当上皇帝，竟请杨姓女巫用法术诅咒祖父。

萧赜病重时，萧昭业装出十分悲痛的样子，未曾开口便先流下泪。萧赜被他蒙骗，至死不知他的真面目。

萧昭业当上皇帝没多久，便命人拆毁萧赜所建的招婉殿，在其基址上修建马射场的围墙。

忠心的大臣见他胡闹，劝谏说：

“陛下初登大宝，应关心政事，以治天下。何况毁殿建马射场，并不吉祥，更会招致天下人的非议。”

萧昭业冷笑道：

“朕自有理由，尔等愚汉焉能体察？朕贵为天子，做事还用得着尔等同意吗？”

进谏的大臣仍是苦劝，后竟遭到杖责，文武百官无不心寒。

萧昭业经常到崇安陵的墓道中，与左右侍从一起嬉笑玩乐。他还夸口说：

“朕是天生神明，天下事早已了然于胸。可笑从前帝王为了国事劳心伤神，哪里有朕轻闲快乐呢？”

左右侍从为了讨取萧昭业的欢心，变着法地引诱他玩乐。萧昭业一到兴头上，便随意赏赐他们钱财，有时竟多达上百万。

萧昭业自有他的“高见”，说：

“左右侍从是朕的心腹，若要让他们保持忠心，朕就不能吝惜钱财。”

萧赜在位时，积聚了大量钱财，萧昭业继位不到一年，便用去了大半。西昌侯萧鸾为此进谏说：

“国库殷实，国家才会兴旺。陛下如此破费，一旦国库空虚，国家岂不凶险万分？”

萧昭业说：

“钱财的事由你主管，你应该多思敛财之策。朕为一国之君，有些花销理所当然，何必大惊小怪呢？”

萧鸾见劝谏无效，郁闷不已。他对心腹说：

“我为皇上操持国政，精打细算，怎奈皇上挥霍无度。皇上不务政事，任意胡为，我担心国家会灭亡啊！”

萧鸾的心腹说：

“皇上刚愎自用，不听忠言，任凭大人如何努力劝谏也无用。为了避免灾祸，大人不必事事认真尽力，索性任由皇上吧。”

萧鸾眼睛一瞪，斥责道：

“皇上无道，做臣子的应该冒死劝谏，岂能作壁上观呢？我想皇上也是被奸人所诱，皇上会悔改的。”

萧鸾继续直言规劝。萧昭业不但不听，反而怀疑萧鸾另有企图。他对心腹臣子说：

“朕只是玩乐一番，用得着萧鸾日日进谏吗？他小题大做，分明想败坏朕的名声，树他个人的威望啊！”

萧昭业动了杀心，命其亲信何胤寻机除掉萧鸾。何胤担心招来大祸，谏言道：

“萧鸾是朝廷重臣，素有名望，如果陛下贸然杀他，拥护他的人必定不服，进而谋反，陛下一定要三思啊！”

萧昭业也怕情况对己不利，暂时没有动手。不久，他又想出一策，打算把萧鸾派往西州任职，以便在西州把他谋害。为此，他得意地对何胤说：

“朕的计策是调虎离山，一待萧鸾离开朝廷，他就孤掌难鸣了。朕对萧鸾放心不下，除之方能后快。”

萧鸾探知消息，出了一身冷汗。他对萧昭业彻底失望，于是召集心腹说：“我对皇上尽忠，皇上却要杀我，我们还保这样的昏君吗？不如反了他吧！”

于是，萧鸾率兵攻入殿内，萧昭业猝不及防，身首异处。

原文

言智者莫畏，畏言愚也。

译文

不要怕说自己聪明的人，要怕说自己愚笨的人。

释评

真正了解社会和懂得人生的人不会以聪明自居，这也是识人的一个重要标准。把聪明挂在嘴边不是智者的行径，这样做的人只是纸老虎，不值得被人们用心对待。而言必称自己愚笨的人则应引起人们的注意，他们不以愚笨为耻，其见识就在常人之上了。他们或是大智若愚，或是城府极深，或是甘为愚笨。

事典

挣脱牢笼的赵构

宋高宗

南宋皇帝，姓赵名构，字德基。北宋灭亡后，在南京应天府即帝位，在位三十六年。因不思收复故土，宠信秦桧，处死岳飞而负恶名。

镜　鉴

佯装以避祸，可也。

北宋末年，金兵大举攻宋，开封城被围，形势岌岌可危。

宋钦宗惊恐异常，决定和金人议和。大臣李纲表示反对，说：

“金人如同虎狼，他们的胃口是永不会得到满足的。陛下当整军奋战，决不屈服。”

宰相张邦昌贪生怕死，力主议和。他和李纲争辩说：

“现在言战，无异于让陛下以身犯险。陛下万金之躯，我们做臣子的怎敢用其做赌注呢？形势缓和后，陛下再战也不迟啊。”

宋钦宗认为张邦昌为他考虑，于是斥退了李纲，执意议和。

金兵元帅宗望见宋人软弱，便开出苛刻的条件，逼其就范。他除了索取大量的金银珠宝之外，还要求钦宗派出至亲，作为人质。

宋钦宗深知做人质的凶险，他召集群臣商议说：

“金人要求我朝皇亲为质，你们看谁去最合适呢？”

群臣知道此事微妙，为了不得罪皇亲贵戚，他们谁也不肯开口。

宋钦宗知道他们的心思，长叹一声说：

“人质面临死亡威胁。可不交出人质，国将不保，朕是不得已而为之啊。”

宋钦宗找来自己的弟弟康王赵构，哀声说：

“在皇亲之中，你最聪明沉稳，朕对你最信任。朕相信以你的才智，足能应变。”

做人质的苦差事落到赵构身上，赵构痛苦难当，却不敢推辞，只好硬着头皮说：

“为了江山，臣粉身碎骨，在所不惜，何况做人质呢？”

回到府中，赵构深感大祸临头，急得团团转。他把心腹召来，说：

“皇上命我为质，不是让我去送死吗？可这事又不好当面回绝，我该怎么办呢？”

赵构的心腹也束手无策，个个愁眉苦脸，不发一言。

赵构的一位宠妾见此，哭着说：

“王爷平日一向炫耀聪明，却因此被皇上选为人质，早知如此，王爷不如装疯卖傻。”

赵构正要责骂宠妾，听后却不禁心中一动，似有所悟。

宠妾见他神情有异，催问道：

“我只是随便说说，王爷真的生我的气了吗？”

赵构抱住宠妾，颤声说：

“我有救了，这要谢谢你啊！”

宠妾不明所以，赵构解释说：

“我既无法推却，那就只能前去。但你的话提醒了我，倘若我装疯卖傻，痴呆无能，那这样的人质就没有利用价值了。金人一定会放我回来的。”

赵构带着地图、议书和金银珠宝，与张邦昌一道前往金营。路上，张邦昌不断向赵构进言，赵构只是默默点头，并不回应。

金兵元帅宗望和他们见面，开口便傲慢地教训说：

“尔等无能无信，本不应该有讲和之事，不过为了避免战乱，索性就宽恕尔等吧！”

宗望的话无礼至极，但令他万万想不到的是，赵构竟是没有一点儿反应，只是痴痴地站在那里，呆头呆脑，目光散乱。

宗望说了许多话，赵构只是点头答应。宗望笑了，对左右的人说：

“难怪大宋屡败，看这个亲王也形同傻瓜，何况别人呢？”

有人说：

“听说赵构聪明过人，并不是这个样子，他今天一反常态，元帅不可不防啊！”

宗望哈哈一笑道：

“百闻不如一见，那些传闻定是骗人的。”

宗望视赵构为无用之人，要求另换人质。结果，肃王赵枢替代了赵构，赵构得以还朝。

安贫卷 第三

贫无所依，不争惟大。困有心贼，抑之无恙。

不恶窘者，知天也。惰以致贫，羞也。廉以不富，荣也。蹇以无贷，嗟也。

贵生败儿，贱出公卿。达无直友，难存管鲍。

勿失仁者终富，天酬焉。莫道苦者终盛，人敬矣。

本卷精要

· 穷不叫苦，富不贪恋。

· 上天不会亏待有仁心的人，我们要对此坚信不疑。

· 一肚子苦水而无所作为的人，不会赢得别人的敬重。

· 懒惰是贫困的第一成因。

原 文

贫无所依，不争惟大。

译 文

贫穷没有依靠时，不争强斗勇是最重要的。

释 评

身处贫困时，切不可头脑发热，一味地想靠争强斗勇来翻身，这只会让自己的处境更加被动。面对社会的激烈竞争，越是身处困境，越要懂得自制，这样才能冷静客观地分析形势，找到解决问题的办法，从而走出困境，获得成功。

事 典

范丹的自知之明

东汉时，范丹在陈留郡外黄县担任小吏，穷困不堪。

范丹的朋友总是鼓动他捞些钱财，说：

“人生在世，不能一直穷苦，幸好我们在衙门工作，只要费些心思，便不愁弄不到钱财。”

范丹长叹说：

“你的想法是不对的，我们决不能收取不义之财。现在我们虽穷，但尚能糊口，如果为非作歹，那么便会走向绝路。”

范丹平日寡言，有人欺侮他，他也默默地忍受。一次，一个富家子弟当众谩骂他，他不与之争辩，还不停地向那人认错。

范丹的朋友感到羞耻，说：

“你无端受辱，却甘心屈服，真是太没骨气了！”

范丹苦笑说：

“我和他拼命，又能怎样呢？如果较起真来，我想没有人会帮助我这个穷人。我实在不愿多惹是非。”

范丹举止端正，办事勤勉，却不得升迁。有人替他打抱不平，说：

“按照法度，你应该有所升迁，你为什么不据理力争呢？”

范丹反问说：

“法度需要人来执行，既然上司不喜欢我，那我再努力争取也没有用，何必自讨没趣。”

范丹屡受排挤，自知官场不容他，最后索性离开了。

王奂是范丹的朋友，后来做了考城县令，多次写信请范丹去做官。王奂在信中强调说：

“我们曾一同受穷，如今我幸有出头之日，不敢忘怀旧友。你实有大才，不应继续过贫穷的日子了，有我在，相信我们都能富贵起来。”范丹接到来信，感叹说：

“王奂顾念旧情，已属难得，我怎敢再麻烦他呢？”

范丹拒绝了王奂。他的家人埋怨说：

“我们那么贫穷，幸有王奂不嫌弃你，你应把握住这难得的机遇啊！”

范丹平静地说：

“穷富有别，事情并不像你们想象的那样简单。我若再入官场，势必要与人钩心斗角。我没有余财，用什么疏通关系？还是不去为好。”

范丹给王奂回信说：

“穷人多艰，奈何我并不是当官的材料，只能谢谢你的好意了。官场复杂，你也要处处小心。”

王奂对范丹的拒绝深感意外，他对自己的下属说：

“很多人不甘贫穷，可我的朋友范丹却宁愿贫穷也不为官。我不能不佩服他。”

范丹终生安守贫穷，生活虽苦，但精神愉悦，无灾无难。中平二年（185），范丹老死家中，终年七十四岁。

原文

困有心贼，抑之无恙。

译文

困境易催生邪念，遏止邪念才没有祸患。

释评

身陷困境中的弱者孤立无援，处处受制，一旦情绪失控，就很容易产生极端的想法，甚至做出一些违法乱纪的事情。在困境中不生邪念，非圣贤难以做到，但压制自己的欲望，不让它泛滥成灾，有理智的人都能做到。无论富贵抑或贫穷，人都不应随心所欲。

事典

处处小心的朱建

朱建曾是淮南王黥布的相国，黥布准备谋反时，朱建一再劝他说：

“汉皇帝刘邦待您不薄，我们的实力又远远比不上朝廷大军，成功的希望太渺茫了。大王一旦反叛，不仅会落下不仁不忠的名声，还会有性命之忧。”

黥布不听，说：

“刘邦步步紧逼，无端猜忌，我现在的处境越来越困难了。与其坐以待毙，何不倒戈相击呢？”

朱建流泪说：

“正因我们处境艰难，大王才要事事慎重，勿起反念。倘若大王举旗造反，不是正中了刘邦的圈套？大王若能请罪表忠心，刘邦便没有了铲除我们的借口，这对我们更有利啊。”

黥布执意反叛，结果兵败身亡。

朱建因为劝谏在先，汉高祖刘邦便没有治罪于他，反而封他为平原君，让他迁至长安居住。

朱建任的是闲差，有职无权，又因他为人正直，不置家财，所以日子十分清苦。

朱建的母亲死时，由于家贫，朱建竟无钱发丧。他对天大哭，自责不已。

辟阳侯审食其同情他的遭遇，送他一百金，让他为母亲治丧，且说：

“你穷不丧志，不贪不占，我敬佩你的君子之风，请务必收下我的一点儿心意。”

审食其是吕后的宠臣，名声并不好。朱建起初有些犹豫，后咬牙说：

“谢谢大人的关心，我虽穷，但终有办法的。”

朱建拒绝了审食其的馈赠。审食其急了，大声说：

“我并非有求于你，也无一点儿私心，你为何拒人于千里之外呢？你是大孝之人，难道忍心不为老母亲办丧事吗？”

朱建见他诚意十足，遂打消疑虑，接受了他的馈赠。

这件事让朱建永不敢忘，他常对家人感叹说：

“我安于贫穷，却欠下了审食其的人情，我们不能不还啊！审食其虽然常遭非议，可在这件事上，我们能不感谢他吗？”

后来，审食其和吕后的奸情被人告发，汉惠帝大怒，准备杀掉他。危急时刻，审食其派人来见朱建，求他设法相救。

朱建不肯与来人相见，却登门求见汉惠帝的宠臣闳籍孺，说：

“皇上宠幸你，天下皆知。如今太后的宠臣审食其下狱，人们都说这是你进谗言的结果。如果审食其被杀，太后会饶了你吗？倘若你主动出面营救，太后必会感激你。如此，皇上、太后都垂爱于你，你就再无忧虑了。”

闳籍孺一听有理，连忙去向汉惠帝说情，审食其得救了。

审食其一开始听说朱建不与他派去的人相见，曾骂朱建忘恩负义。后来他知道是朱建用计将他救出的，顿感羞愧。他亲自登门向朱建致谢，问道：

“先生做事如此神秘，为什么呢？”

朱建沉重道：

“我一个穷困之人，若让人知道我和大人结交，岂不引人猜疑？我救你是为了报恩，而不想救你不成，反遭灾祸啊！”

原文

不恶窘者，知天也。

译文

不憎恨窘境，就是通晓社会规律了。

释评

处在窘境中，能否保持平和的心态，是衡量一个人见识高低的重要标准。要认识窘境的本质，如果脱离了对社会规律的考究，终是模糊不清的。天有阴晴雨雪，人有穷富贵贱，这是很自然的事，现实世界就是如此。困窘的人们不该为此怨天尤人，满怀激愤。其实，窘境最能磨炼人的意志，也能催人奋进，最终让人走向坦途。

事典

谢弘微的“呆傻”

东晋时，年少的谢弘微丧父，被过继给堂叔谢峻为子。

谢弘微家贫，而继父家十分富有，很多人都羡慕他。

谢峻死后，令人意想不到的是，谢弘微只接受了数千卷书籍和继父原有的仆役数人，却把巨额遗产赠给了别人。

谢弘微的举动惊世骇俗，令所有人感到不可思议。有人问他：

“你的本家穷困不堪，幸好你继父使你过上了富贵生活，你怎能又轻易地放弃呢？穷困是很可怕的事，你真的不在意？”

谢弘微老实回答：

“我也曾庆幸自己脱离了苦海，但时间一长，我便发现富贵的日子并不像我想象的那样美好。何况这份家产不是自己赚取的，总觉受之有愧。我要有所作为，当从自创家业开始。”

人们嘲笑谢弘微呆傻，只有朝中大臣谢混惊叹说：

“谢弘微穷不叫苦，富不贪恋，他算是勘破天道的人了。”

谢混从此敬重谢弘微，常和他谈天说地，畅谈人生。

谢混的妻子是孝武帝的女儿晋陵公主，谢混身为驸马，难免染上骄纵之气。谢弘微多次提醒他说：

“富贵只是过眼云烟，太在意了便可能失去。相反，穷苦的日子能使人保持清醒，不生妄念啊！”

谢混每听他言此，总是笑着说：

“像你那样的壮举，我是做不到的，我终是俗人嘛！”

晋安帝义熙八年（412），谢混因谋反罪被杀。晋陵公主改嫁王练，谢家之事无以托付。谢弘微安慰晋陵公主说：

“富贵本无常，公主不要太在意了。如果公主相信我，我会助公主渡过难关。”

于是晋陵公主把家事全部委托给谢弘微。谢弘微悉心为晋陵公主治家，日夜操劳，终于使其走出困境。

刘裕称帝后，晋陵公主降封号为东乡君。东乡君对谢弘微感激万分，一次对他说：

“你无私帮我，而自己却一贫如洗，我过意不去啊。不管你是否赞成，我的家产都要分你一些，这是你应得的。”

谢弘微一口回绝，说：

“我若接受，就变成十足的小人了，别人会怎么评价我呢？穷困是我的本色，我早已习以为常了。”

刘义隆继位为帝后，十分敬重谢弘微的为人，任命他为黄门侍郎，后又任他为尚书吏部郎，参与机密。

做了朝中重臣，谢弘微仍是本色不改，俭朴异常。

一日，僧人释慧琳拜访谢弘微，见他席上只有素食一盘，于是问：

“大人不同往日，何必如此节俭？”

谢弘微笑着说：“有些人一旦为官，便忘了他的穷苦出身，结果便放胆胡为，这是祸患的根源啊。我其实和从前没什么两样，又怎敢奢华呢？”

谢弘微在任上，无论处境好坏，始终保持恬淡的性情。有人说他的坏话，他不与人争辩；有人赞美他，他也不沾沾自喜。宋文帝刘义隆为此评价他说：

“谢弘微不以贫富为念，效法自然。君子之名，他当之无愧。”

原文

惰以致贫，羞也。

译文

因为懒惰而导致贫穷，是应该羞愧的。

释评

贫穷由多种原因造成，其中，最让人无法谅解的是懒惰造成的贫穷。懒惰是人对自己的不负责任，长此以往一生都将无所收获。人生在世，人与人之间存在着激烈的竞争；天道酬勤，只有奋斗不息者才能位居人上。人们若不明白这个简单而朴实的道理，而只知空谈，不务实事，其命运也就可想而知了。

事典

被错怪的李安世

北魏兴安二年（453），文成帝拓跋濬召见侍郎、博士的子弟，要在其中选出优秀子弟作为中书学生。

拓跋濬考问他们说：

“你们现在衣食无忧，是因为有你们祖辈父辈的护佑，如果你们出身苦寒之家，该以何为要呢？”

这些子弟都娇生惯养，对贫富之事缺少思量，他们的回答令拓跋濬不住地摇头。最后，拓跋濬教诲他们说：

“贫穷之人，最要不得一个‘惰’字，这也是贫穷的根源之一。人人羡慕富贵，但不勤勉争先怎会得到财富呢？朕之所以给你们讲这些，只是想让你们知道，虽出生在富贵之家，但你们其实对家庭毫无贡献，犹如一个穷汉。你们若想赚取真正的富贵，还需不断努力啊！”

拓跋濬的话语重心长，当时刚满十一岁的李安世将此牢记在心。他勤奋学习，每日不断钻研，终于学业有成。

献文帝时，李安世在朝中担任中散之职。他和别的同僚不同，每有空暇，就会手捧经书，悉心向学。有人说他呆气，指点他说：

“在朝为官，重要的是让上司欢喜，和同僚结为盟友，学问就无关紧要了。你这个模样和书生无二，靠什么升迁呢？”

李安世不以为然，反问说：

“治国非比寻常，牵涉千头万绪，不勤加学习便难以胜任。像你所说，把心思都用在讨好上司和同僚上，岂不有负皇上的重托？”

献文帝闻知李安世好学尽职，特地召见了他。一番嘉勉之后，献文帝道：

“百官大多懒散贪欢，而你与众不同，你有什么不同的想法吗？”

李安世动容道：

“臣年少时，曾有幸聆听先帝的教导。先帝勉励臣等切勿懈怠，做事以勤为先，臣须臾不敢忘。”

献文帝连连点头，对李安世更生好感，不久就升了他的官职。

李安世有一个远房亲戚，因游手好闲、好吃懒做，日子过得十分贫穷。这位亲戚多次向李安世求助，还诉苦说：

“乡下的日子难熬，我作为平民百姓又有什么出路呢？”

李安世起初同情他的艰辛，不时接济他。

一次，李安世到地方巡视，路过这位亲戚家。他见亲戚家的田地禾苗稀疏，杂草丛生，不禁心中有气。当地百姓反映说：

“他自称朝中有大官亲戚可以依靠，所以从来不用心务农。”

李安世听后更加生气，一见亲戚，便训斥说：

“你好逸恶劳，不求上进，还有脸诉苦吗？早知如此，我就不该帮助你了，这只会让你不可自拔啊！”

这位亲戚低头不语，一脸苦相。

训斥过后，李安世又对他说：

"我在朝为官，表面上风光富贵，实际上劳顿不堪，不敢有片刻偷闲。为人不能空谈，治家尤需勤奋，这样才能创出一片天地。以后我不会再关照你了，你自重吧！"

李安世走后，他的亲戚跺足而叹，大放悲声。这位亲戚仍不死心，几个月后又找上门来，向李安世告急。

李安世一口拒绝了。李安世的妻子有些不忍，劝他说：

"他毕竟是你的亲戚，还是帮帮他吧。"

李安世长叹道：

"救急不救穷，他那么懒惰，应该受些教训。一个人如果不能自强自立，那么就枉为人了，何况他不务正业呢？我现在帮他便是害他啊。"

这位亲戚空手而归，对李安世十分不满。没有了依靠，这位亲戚开始勤奋做事，几年之间，便摆脱了贫穷。至此，他明白了李安世对自己的关爱，惭愧地说：

"我先前认为李安世无情无义，今日想来真是错怪他了。他是逼我由惰入勤，铲除穷根，只恨我领悟得太晚了。"

原文

廉以不富，荣也。

译文

因为清廉而不富足，是荣耀的。

释评

贫穷是酸楚的，不安于贫穷则会更加痛苦。特别是对于有职有权的官吏而言，他们如果贪财羡富，那么很容易走上贪赃枉法的邪路。一旦身陷法网，等待他们的将是严惩。从长远看，为官不贪是一件荣耀的事，它的效益是短视者无法预见的。当官绝不应是捞钱的途径，明智的人不会被铜臭熏倒。

事典

查道的回报

北宋时，家境贫寒的查道刻苦好学，成绩优异。

一次，查道的老师问学生们的志向，多数学生都回答要当官，而查道却说：

“当官就要清廉守节，否则沦为贪官污吏，便不能为民造福，还要受万世唾骂，这样的人不是太没有见识了吗？”

端拱元年（988），查道考中进士，从此走上了仕途。

做官不久，查道的一位好友因病而死，好友的女儿被人典押。为了救助好友的女儿，同样贫寒的查道一筹莫展。这时，知道内情的一位富豪主动找上门，对查道说：

“我知道大人为救助好友之女而心急，但做善事也要用钱，你就收下我的一点儿敬意吧。”

富豪献上重金，查道却毫不犹豫地拒绝了。查道对家人说：

“这位富人和我并无交情，他送上重金，分明是有意拉拢我。日后他若生事枉法，我还能秉公办理吗？这种恶例决不能开。”

查道向另一位友人借了一笔钱，将好友的女儿赎了回来。

查道的俸禄并不少，但因长年养着许多无依无靠的亲族老者，所以日子过得十分艰难，并不比寻常百姓家好。有人见查道家中陈设简陋，有时甚至一天只吃一顿饭，禁不住劝他说：

“你家中人多，用度不少，为什么不想点儿办法多赚些钱呢？只靠节俭是无济于事的。”

查道知道他的用意，笑着说：

“你说我不会当官，是吧？”

那人也笑了，说：

“当官也要穿衣吃饭，只要多些变通，何愁不富呢？”

查道突然变脸，愤怒地说：

“你这不是关心我，而是要害我啊！我不是不知道当官赚钱容易，可后果呢？贪官喝的是老百姓的血，他们虽然一时快活，但是都没有好下场。我就是穷死，也不想当那丧尽天良的贪官！”

一次，查道带着下属外出视察。时值夏日，天气炎热，一行人饥渴难耐。路过一片枣林时，下属摘了一些枣。

查道批评下属说：

“为官者要注意自身形象，要不然何以治民呢？枣林的主人不在，你们这样做大为不妥。此事虽小，但可见你们不严于律己，如果你们不深刻反省，将来是要出大事的。”

查道按照市场上的价格，把买枣的钱挂在树上，才离开了枣林。

当时，官场黑暗，官吏徇私舞弊、贪赃枉法的事情十分普遍。查道对此十分愤恨，他专门上书给真宗皇帝说：

“有些人为了私利而置国家利益于不顾，如此之人不配在朝为官。他们把当官视为一条发财途径，以清贫为耻，如果任其横行，鱼肉百姓，那么陛下的江山就危险了。”

朝中奸小知道了查道的上书，纷纷指责他危言耸听。他们对真宗皇帝说：

“查道官小职微，为了邀功求宠，竟不惜诽谤朝廷，诬蔑百官。他是别有用心的，陛下切不可相信他。”

真宗皇帝冷笑着说：

“朕虽不出宫门，却也对天下事略有所闻。依朕看来，查道所言切中时弊，他才是真正为国分忧啊！”

真宗皇帝嘉勉了查道，又按他的建议派出转运使和副使，加强对郡县官吏的职责考察。

查道最后病逝于虢州知州任上。他的死讯传开后，当地百姓皆痛哭流涕，自发前来悼念。看着人潮涌动的场景，一位朝廷派来参加葬礼的官员感慨地说：

“万民拥戴，千古流芳，这是对查道最好的回报啊！”

原文

蹇以无贷，嗟也。

译文

因为命运坎坷而穷困潦倒，是令人叹息的。

释评

才能不等于金钱，自古有大才而命运不济、衣食不周的人比比皆是，他们是令人叹息和同情的。在古代，富人毕竟是少数，大多数人都不免贫困。对他们来说，命运的不公虽然残酷，但也只能坦然接受，因为逃避和抗拒也许更无出路，甚至连生存都难以维系。

事典

怨天尤人的卢照邻

卢照邻

唐代诗人，“初唐四杰”之一，博学能文。仕途颇为坎坷，后又因为服丹药导致手足残废，忧闷之下，自投颍水而死。

镜　鉴

怀才不遇者固多，然长久沉溺痛苦不能自拔的，十之八九终无大用于世。

唐高宗时，卢照邻精于诗文，深通儒道，是当世的大才。

卢照邻虽出身贫寒，但他立志要有一番作为，以改变自身窘迫的处境。他曾对好友说：

“人常道读书人不言钱，好像谈钱就变庸俗了。世人为什么对读书人这么苛刻呢？谁都渴望过上好日子，我也想摆脱贫穷啊！”

为了早日当上官，卢照邻苦修学问。他以儒学见长，便向高宗建议以儒术治理国家。他上书说：

“孔子讲究仁爱，反对暴政，陛下当效仿孔子，为政宜缓。”

唐高宗此时正大力推行吏治，一切从严。他看了卢照邻的上书后十分反感，说：

“这个人看不清形势，盲目主张宽大仁爱。他的文章虽写得有声有色，但并不实用啊！”

卢照邻从此仕途无望，虽几经努力，最后仍一无所获。

卢照邻的生计日益困难，穷得有时断炊。他自叹命运不公，整个人也变得十分颓废。

一日，一位朋友来看望他。到了吃饭的时间，卢照邻却无米下锅，他悲痛地和朋友说起自己的惨状，又激愤道：

“我枉读诗书了，早知填不饱肚子，我还读书干什么呢？”

朋友同情他，安慰说：

“孔子尚有落难之时，何况我等读书人呢？这也许是上天在考验我们的意志，你还是忍耐些吧。”

武则天当政时，卢照邻穷困无着，又燃起了当官的欲望。他兴高采烈地把好友找来，说出了自己的打算：

“从前的皇上不喜欢儒术，而我不知内情，以致谏言都不被采纳。这些年来我钻研黄老之学，现在可以派上用场了。”

好友不同意他的看法，说：

“当今圣上崇尚法治，用刑严酷，而黄老之学主张无为而治，顺其自然，圣上又怎会喜欢呢？你想有出头之日，就不该以此进言劝谏。”

卢照邻颇为自信，于是他不改初衷，给武则天上书说：

“黄老之学乃智者所为，看似随意，实有奥妙。陛下可以依此再创盛世。”

武则天任用酷吏，排除异己，自然不会对卢照邻的谏言加以赏识。卢照邻久候无音，深感绝望。

卢照邻病倒在床，暗自哭泣，他对探视自己的朋友说：

“我一生苦读诗书，自信学问有成，怎会有此厄运？我并不想大富大贵，只求温饱，谁知我连这样也做不到啊！”

朋友和他一同流泪，只是摇头。

一位隐士闻知卢照邻的遭遇，专门前来拜访他。卢照邻叙说了自己的不幸，隐士开导他说：

“你之所以怨天尤人，恨命运不公，是因为你过分看重自己的才能。你越是这样，痛苦就越深。你也是凡夫俗子，千万别高估了自己，否则你永远无法平息心中的怨气。”

卢照邻与隐士争辩，隐士只是叹息。隐士走后，卢照邻不屑地说：

“贫苦难耐，哪像他说的那样轻松呢？我是深受其苦啊！”

卢照邻精神痛苦，身体更见虚弱。他的诗文也多表露悲凉的心境。

一日，有人求他作诗，他当时情绪低落，不耐烦地说：

“我一个穷困之人，不会那风雅之事，你找错人了。”

来人见他无端发怒，怨声说：

“我慕名而来，诚心求教，不想你竟是这等俗人，看来我真是找错人了。”

来人拂袖而去，卢照邻竟气得几天吃不下饭，他喃喃自语道：

“我生不逢时，竟被人嘲笑讥讽，我卢照邻天生就是这个命吗？”

到了晚年，卢照邻闲居在茨山脚下。他十分悲观，预先给自己挖好坟墓，常常在里面一待就是半日。

卢照邻眼见前途无望，变得越来越难以忍受。最后，他写了一篇《释疾文》，与亲友诀别，自沉颍水而死。

原文

贵生败儿，贱出公卿。

译文

富贵之家多生不肖子孙，贫寒之家常出高官显贵。

释评

一个人的成长与发展和其生活环境息息相关。值得注意的是，出身贫寒的人往往更有作为。因为艰苦的环境培养了他们吃苦耐劳的品格，磨炼了他们的意志，催生了他们积极向上的雄心，而这些都是成功者不可或缺的。相反，安逸舒适的生活常常使人失去危机感，衣来伸手、饭来张口的习惯只会使人产生惰性，也使人变得脆弱。这样的人经受不住风雨，更难当大任。

事典

孙叔敖的成才

孙叔敖

春秋时期楚国令尹。为官清廉，辅佐楚庄王施教导民，采用宽刑缓政，政绩斐然。

镜　鉴

艰苦的环境有利于培养人的意志，善加引导则可使之成才。

春秋时期，楚国的司马芳贾正直敢言，和令尹斗越椒势同水火。

斗越椒掌握朝廷大权，对于一再冒犯他的芳贾十分恼恨。他当面威胁芳贾说：

“你不为自己着想，也不为你的儿子着想吗？你以下犯上，不自量力，我对你越来越没有耐心了。”

芳贾回敬说：

“我正是为了我的儿子着想，才不同流合污，和你一样做奸邪之人。我若是以忠臣的身份而死，我的儿子也会为我骄傲的。”

芳贾担心自己遭遇不测，平日经常嘱咐妻子说：

“我若发生意外，你就带着儿子逃到乡下去。乡下虽苦，但对儿子来说未必不是好事，这更能促使他成才！”

妻子哭着劝他要保重自己，芳贾凛然道：

“忠奸不两立，我和斗越椒注定要斗争到底了。”

不久，斗越椒发动叛乱，芀贾惨遭贼人杀害。

为躲避灾祸，芀贾的妻子带着年幼的儿子芀敖逃回故乡种田度日。她把儿子芀敖改名为孙叔敖，以掩人耳目。

乡下生活十分艰苦，孙叔敖的母亲日夜劳作，也难保温饱。孙叔敖一天天长大，他的母亲常教育他说：

“现在你受些苦，将来才会更加明白生活的不易，也会更加勤奋振作。你要学会在困苦中不失信心，保持坚韧，这样你的苦才没有白吃。”

孙叔敖未满十岁时，一次在田边玩耍，看到了一条两头蛇。

传说中，两头蛇是不祥之物，见者必死。孙叔敖为了不让别人看见两头蛇，竭尽全力打死了它，随后将其埋入地下。

孙叔敖回家对母亲说了这件事，母亲宽慰道：

“你小小年纪就有这样的善心，为娘十分高兴啊！我们虽穷，但决不能失去仁爱，这是我们兴家的根基。你为别人着想，老天会保佑你的。”

为了能让儿子读书，孙叔敖的母亲省吃俭用，常常饿得昏倒在地。孙叔敖不忍，曾流泪说：

“我虽小，但也能帮家里做事了，我不去读书了。”

孙叔敖的母亲第一次打了他，生气道：

“人穷不能志短，你说这种没出息的话，为娘感到很伤心。记住，不要只看到眼前一点儿小利，它会毁了你的前程。”

孙叔敖在母亲的教导下，勤奋读书，立志图强。一次，几个纨绔子弟一起欺负他，无端把他打得鼻青脸肿。

孙叔敖怕母亲担心，回家只说不小心撞上了大树。母亲看出了破绽，心疼得落泪。孙叔敖却对母亲说：

“我将来是要做大事的，怎会和无赖计较呢？我受这点儿小伤算不了什么，这只会让我更加勤奋。”

孙叔敖的母亲为儿子的话感到惊喜，破涕为笑，连声道：

“你真的懂事了，难得你能说出这样的话来，我还有什么好担心的呢？”

多年之后，孙叔敖成了远近皆知的贤人。

楚国令尹虞丘子微服私访，当他和孙叔敖谈话后，认定他是不可多得的贤才。虞丘子向楚庄王推荐说：

“大才大德之人，多出自乡野。臣见了孙叔敖之后，对此更加坚信不疑。臣认为，长久占据禄位的，是贪婪；不推荐贤达的，是虚假；不把职位让出来的，是不廉；不能做到这三点，是不忠。臣决心辞职让贤，恳请大王重用孙叔敖。”

楚庄王问孙叔敖治国之道，孙叔敖从容作答，楚庄王大为折服，于是任命他为令尹。在孙叔敖的辅助下，楚国蒸蒸日上，后来打败晋国，成为中原的霸主。

原文

达无直友，难存管鲍。

译文

得志时没有正直的朋友，落难时却能与人结为管鲍之交。

释评

管鲍之交比喻好友相互信任，不计得失，情谊深厚。俗话说，患难见真情，得志之人难与人结成管鲍之交，更无法体会其中的情谊。一方面，他们多高高在上，无法真正和他人平等交流；另一方面，他们或多或少有自大的毛病，人们的真言他们很难听得入耳。普通人之间的交往没有那么多顾忌，不掺杂任何功利的朋友才能结成生死之交。

事典

识人于未遇的鲍叔牙

鲍叔牙

春秋时齐国政治家，齐桓公的得力辅臣，善于察人，向桓公推荐管仲为相，齐国遂大兴。管仲死后，鲍叔牙继任为相。

镜　鉴

困窘之时的交往最见真情真义。

春秋时期，齐国的管仲穷困潦倒，整天为生计而奔波。

鲍叔牙是当地富翁，他和管仲交谈几次之后，深感管仲非同一般。他对家人说：

"管仲现在之所以贫穷，那是因为他缺少机遇啊！我敢断定，一旦他走出困境，定是个治国的大才。"

鲍叔牙于是主动和管仲结交。管仲受宠若惊，问他：

"我这么贫穷，亲友尚有嫌弃我的，你为何与我结交呢？"

鲍叔牙诚恳地说：

"你有大才，穷困只是一时的，无须自卑。我敬佩你的才学，请不要怀疑我的一片真心。"

二人交往频繁，不久就合伙做起了买卖。鲍叔牙出了大部分本钱，管仲只拿出了一小部分钱。到了分红的时候，管仲给自己多分了很多钱。鲍叔牙的手下人十分气愤，他们对鲍叔牙说：

"管仲贪得无厌，得寸进尺，大人应该去教训他。大人本不该和一个穷鬼做买卖，这不是明显吃亏吗？"

鲍叔牙一点也没有生气，反而喝止了手下人，为管仲辩解说：

“管仲家穷，他等着钱用，否则他决不会这样做的。何况我们是朋友，应该互相帮助，我不计较这些。”

管仲得知鲍叔牙说的这些话后，不禁泣声对鲍叔牙说：

“我现在真正体会到你的诚意了，世上只有你真正了解我，也不厌弃我啊！”

随着二人感情的加深，鲍叔牙对管仲说：

“大丈夫当建功立业，不能满足于衣食无缺。时下齐国正是用人之际，你我何不前去报效呢？”

管仲对此并不热情，经鲍叔牙一再鼓励，这才答应和鲍叔牙一起弃商从政。

当时，齐襄公在位，他见管仲和鲍叔牙实有才干，于是把二人留在朝中。

齐襄公和鲍叔牙谈话时，鲍叔牙总是夸赞管仲的才能。齐襄公感到奇怪，问他说：

“你学识不凡，却从不夸耀自己的才能，独荐管仲，为什么呢？”

鲍叔牙说：

“一个人的才能可以征服一切，我对管仲心悦诚服，大王切不可只看到他的贫穷。”

齐襄公开始重用管仲，让他领兵打仗。不料一战下来，齐军大败。齐襄公怀疑管仲的才能，对鲍叔牙说：

“有才能的人是不会打败仗的，看来你识人有误啊！”

鲍叔牙替管仲求情说：

“管仲学问精通，只是缺乏实战经验，他的失败情有可原。大王要多给他些机会，不要埋没了他。”

管仲第二次领兵作战，结果又是惨败。齐襄公气呼呼地质问鲍叔牙说：

“看来孤再也不能相信你的话了，莫非你和管仲合伙骗孤？”

鲍叔牙耐心解释说：

“以一事论短长，只会失去真正的人才。人才也需要历练，还请大王保持耐心。”

齐襄公第三次让管仲领兵，管仲仍无胜绩。齐襄公把鲍叔牙召来，冷笑着说：

“你这次无话可说了吧？”

鲍叔牙连连磕头，说道：

“管仲一败再败，实有别情啊！管仲的母亲已然老迈，疾病缠身。管仲是个孝子，他不想死在战场上而让母亲无人奉养。他不是贪生怕死的人，大王应网开一面。”

齐襄公虽饶过管仲，但从此不再信任他了。

齐桓公即位后，鲍叔牙担任了相国。为了发挥管仲的才学，造福齐国，鲍叔牙毅然决定辞职让贤。他对齐桓公说：

“国有大贤而不用，是齐国的损失，我不忍见这种事情发生。我太了解管仲了，他一定不会让大王失望的。”

管仲于是接任了相国之位，把齐国治理得井井有条，面貌一新。管仲不敢居功，他常对人说：

“我出身贫贱，却能交下鲍叔牙这样的挚友，可见上天并没有抛弃我啊！”

原文

勿失仁者终富，天酬焉。

译文

不失去仁爱的人终究会富有，这是来自上天的酬报。

释评

贫穷之人无论如何艰难，也不应失去仁爱之心。有些人以贫穷为由，大肆作恶，这种人是不会有善终的。仁爱是富有的根基，特别是在贫困状况下，仁爱更显得弥足珍贵。贫穷之人如果失去它，那么便失去了变得富有的机会。上天不会亏待有爱心的人，只要坚守仁爱之心，那么好日子就不远了。

事典

樊晔的善举

光武帝刘秀未发迹时，曾经因事被官府逮捕，拘禁在新野县监狱。

一次，任市吏的樊晔去狱中办事，看见了被囚禁的刘秀。当时，刘秀饿得厉害，他哀声向樊晔求告：

“我很久没有吃过饱饭了，我想我快要饿死了，你能帮帮我吗？”

刘秀的惨状令樊晔心痛。他想了想，最后说：

“你是个在押之人，我若帮你，岂不惹祸上身？我不是不想帮你，而是我实在不敢帮你啊！”

刘秀当时心浮气躁，未等樊晔把话说完，便破口大骂说：

“你见死不救，还要狡辩，看来你也不是个好东西！我刘秀顶天立地，如果知道你是这样的人，还会求你吗？”

樊晔回到家中，坐立不安。他把遇见刘秀的事告诉了家人，内疚道：

“听说刘秀也没有犯什么大错，但他在牢中竟遭到如此虐待，可见朝廷真是黑暗啊！我胆小怕事，被他骂得狗血喷头，的确有愧。”

家人说：

“刘秀和你素不相识，为什么要冒险帮他呢？我们无权无势，自顾不暇，你就不要自责了。”

樊晔长叹几声，道：

“想来是我的不对，我们虽然贫穷，但岂能因此没有一点良心？这样为人，不是更让人耻笑吗？”

第二天，樊晔早早起来，买了一竹筐面饼给刘秀送去，他道歉说：

“我虽穷，但不至于糊涂。你我都是苦命人，我当初不该拒绝你，请你原谅我的过失吧！”

刘秀感动得落泪，他说：

“你如此善良，该道歉的应该是我啊。你不计较我的无礼，还仗义帮我，我真是无地自容了。”

吃过面饼，刘秀流泪说：

“你的面饼救了我一命，大恩不言谢，你会有好报的。”

刘秀当上皇帝之后，仍念念不忘樊晔的恩情。他对群臣说：

“朕落难时，险些饿死，多亏了樊晔送朕一竹筐面饼。樊晔并不富裕，救朕还要冒很大的风险，这样的人如果得不到好报，连上天都会责罚朕啊！”

群臣听后都十分感动。于是，有人提议说：

“樊晔仁心救主，感天动地，不可不赏。请陛下赠其钱财，以示陛下不忘旧情。”

刘秀摇头说：

“樊晔穷而有仁，实属难得，给他再多的钱财也难表朕心。朕想委任他官职，让他光宗耀祖。”

群臣一时无人附和。有人说：

“陛下赠其钱财，使其永不贫穷，这已是对樊晔的报答了。樊晔出身贫寒，没有经验，恐怕难以胜任官职。”

刘秀又是摇头，说：

“朕重赏樊晔，是要让天下人知道，仁爱不可丢，仁爱必受赏。天下百姓如果仁爱有礼，那么国家就能和谐安定了。”

至此，群臣方知刘秀的良苦用心，连呼万岁。

樊晔被任命为都尉，刘秀又破例赏赐给他御食、车马、服饰。樊晔觉得如同做梦，他推辞说：

“当年臣只是略尽绵力，不足挂齿，陛下不必记在心上。”

刘秀笑着说：

“这是你应得的奖赏，你的仁心远比这值钱多了。”

樊晔推辞不得，只好接受。

原文

莫道苦者终盛，人敬矣。

译文

不诉说苦楚的人终究会兴盛，人们会敬佩他。

释评

整日有一肚子苦水要倒而无所作为的人，赢不来别人的敬重。不怕吃苦，任劳任怨，是人们应该有的正确态度，只有将之贯彻始终，才有机会走向成功。把痛苦压在心底，挺直腰板面对挑战，自强自立，在任何时候都要做一条硬汉。

事典

人穷志坚的陆陇其

清康熙九年（1670），浙江平湖人陆陇其高中进士。喜报传来，乡亲们奔走相告，无不为他庆祝。

陆陇其借钱为乡亲们摆了几桌酒宴，他哽咽着说：

“我出身寒微，平日多得父老乡亲的帮助。今日赢得功名，都是你们的功劳啊！我永远也忘不了你们。”

乡亲们说：

“你知书达礼，人穷志坚，我们都敬佩你的为人。你是我们的楷模，我们都为你感到骄傲啊！”

从前，陆陇其寒窗苦读时，乡亲们见他食不果腹，忍不住劝他说：

“大丈夫当以兴家为要，你现在衣食无着，怎能如此呢？书可以以后再读，眼下还是专心务农吧！”

陆陇其知道乡亲们是一片好意，他笑着对他们说：

“读书可以明理治世，再苦再累也不能废弃。我现在虽日子清苦，但我并不觉得这有什么不好。”

陆陇其每日下地干活，晚上便挑灯夜读，从不间断。一日，他病倒了，仍手握书卷，坚持学习。

一位乡亲前来探病，责怪他说：

“为了功名，你连命都不顾了吗？你这不是自找苦吃吗？”

陆陇其挣扎着坐起，喘着粗气说：

“对我们穷苦之人而言，读书不仅是为了赚取功名，更是为了争口气啊。我知道你心疼我，可我真的自得其乐，你不用为我担心。”

陆陇其从不言苦，他和乡亲们谈话时，总是鼓励他们战胜困难，把心放宽。一次，有位乡亲说：

“你说得有理，但我们做不到啊。我们穷苦人有数不清的愁事，哪能乐起来呢？”

陆陇其说：

“忧愁不能帮助人改变困境，只会让人陷入更深的困境。人活着就是为了解决难题的，我们不该被困难吓倒。我们现在虽苦，但只要努力肯干，以苦为乐，好日子终会到来。”

陆陇其的乐观精神感染了每一个乡亲，乡亲们每有苦事难事，总喜欢和陆陇其商量。乡亲们说：

“陆陇其的话总给人以力量，做人就该像他那样。”

陆陇其的威望日增，乡亲们敬重他的人品，心甘情愿地帮助他。农忙的时候，乡亲们自发地替他干些农活，以便让他多一些时间读书，少一些劳累。

康熙十四年（1675），陆陇其被任命为江南嘉定县知县。上任之时，他让妻子带上纺车、织布机，且道：

“我虽为官，但不能忘本入奢。从前我得到乡亲们的照顾，现在我更要做个勤政爱民的清官。”

在任上，陆陇其取消了强压在百姓身上的苛捐杂税，大力提倡勤俭之风，不久就赢得了嘉定百姓的信赖。

一次，江宁巡抚慕天颜摆下生日宴席，广邀各州县的长官。陆陇其也接到了邀请，他的手下人提醒他说：

“为上司做寿，此事马虎不得。大人应当备上厚礼，勿落后于人。”

陆陇其冷笑一声，鄙夷道：

“为官敛财，大张旗鼓，这是正人君子干的事吗？这种人官做得再大，老百姓也会唾骂他。”

陆陇其前去祝寿时，从袖中拿出一块布、两双鞋，对慕天颜说：“这点东西不是搜刮来的民财，干净得很，请你收下。”

慕天颜心中有气，也不好当场发作。此事传出，人们无不敬佩陆陇其的风骨，对他更生仰慕之情。

抑尊卷

第四

尊者未必强，名实弗契也。霸者存其弱，胜败无常焉。

弱不称尊，称必害。强勿逾礼，逾则寇。

不罪于下，祸寡也。目无贵贱，君子也。心系名利，小人也。君子尊而泽人，小人贵而害众。

至善无迹，然惠存也。至尊无威，然心慑耳。

本卷精要

· 人的名声和实际情况并不一定相契合。

· 弱者自称尊贵，祸害便不远了。

· 君子的眼中没有贵贱之别。

· 君子尊而泽人，小人贵而害众。

原文

尊者未必强，名实弗契也。

译文

地位高的人不一定是强者，名声和实际不是契合的。

释评

高高在上的人不要盲目以强者自居。一味以强者姿态待人处世，不肯放下身架，就会埋下祸患。如果不顾实际状况、妄自托大，终将招来祸端。只有享有尊荣不飘飘然，也不无谦卑之心，一切从实际出发，行事才能得体而无害。

事典

孝静帝的不甘

孝静帝

元善见，北魏孝文帝曾孙。永熙三年（534），元善见成为高欢、高澄专权之下的傀儡皇帝，是为东魏的开始。

镜　鉴

名为虚，权为实。皇帝无权也与羔羊无异。

南北朝时，东魏大权被渤海王高澄执掌，东魏皇帝孝静帝完全被架空了。

孝静帝文武双全，他不甘心做个傀儡，时刻准备夺回大权。

常侍荀济知道孝静帝的心思，于是鼓动他说：

“陛下贵为九五之尊，却为奸贼所制，是可忍孰不可忍啊！臣虽无才，但决心保君报国，为国除奸。”

孝静帝大喜，拉住荀济的手说：

“朝中遍布奸党，似你忠心为国的实在不多了。你如此忠心，朕他日决不负你！”

荀济于是暗中联络忠于魏室的大臣，准备和高澄誓死一搏。

荀济首先找到华山王元大器，一番交谈之后，元大器慨然应允，加入了孝静帝的阵营。当荀济拜见大臣元瑾时，元瑾却表示反对，他说：

“现在强弱易手，皇上虽尊贵无比，但实际上已形同囚犯。在这种情况下，皇上应该屈尊忍耐，静待良机。如果还想以皇上威严发号施令，那么就大错特错了，我敢断定，事情是不会成功的。”

元瑾暗中和孝静帝相见，孝静帝愤怒地列举了高澄的罪状，情绪十分激动。

元瑾默默听完，哀声说：

“皇上的不幸，臣岂能不知？不过朝廷上下已尽被高澄所掌控，皇上还是不要贸然行动。依臣看来，皇上时下最要紧的是向高澄示好，屈尊接纳，这样既可稳住高澄，又可有足够时日准备反击。”

孝静帝经元瑾苦劝，终于同意暂时按兵不动。

一次，高澄陪孝静帝喝酒，他全不把孝静帝放在眼里，硬是逼迫孝静帝连饮数杯。孝静帝无法忍受，怒声说：

“你如此无礼，难道不怕天谴吗？自古没有不灭亡的国家，朕为什么非要低声下气地苟活呢？”

高澄凶相毕露，他让崔季舒连打孝静帝三拳，扬长而去。

孝静帝再也无法平静下来，他急召元大器、元瑾等人，哭着说：

“朕生不如死，誓不能任贼欺凌了。你们如果忠心于朕，请速速动手灭贼。”

元瑾又劝道：

“陛下蒙羞，臣等愿死。只是时机未到，形势未改，胜算不大啊。”

孝静帝完全不听，他只道：“朕贵为天子，当有上天护佑，朕早不该委身侍贼了！”

元瑾无奈，只好领命行事。他和元大器等人以造假山为名，在宫中挖掘通向高澄住处的地道。很快，有人察觉了他们的密谋，报告给了高澄。高澄率兵入宫，把孝静帝软禁在含章堂，把元大器、元瑾等人烹杀。

孝静帝完全失去了自由，至此方有悔意，他痛哭流涕地说：

“我把皇帝的名号看得太重了，逞强好能，不听元瑾规劝，草率行事，结果让元瑾等人白白丧命啊！”

原文

霸者存其弱，胜败无常焉。

译文

称霸的人也有他的弱点，胜败没有固定的规律。

释评

世上没有绝对的强者，再强的人也不是无懈可击的。站在高处的人倘若以为自己天下无敌，就说明他对人与世界缺乏完整的认识。人都是有弱点的，称王称霸者的弱点只是不明显罢了。胜败也不全是由强者操纵的，抓住强者弱点的弱者同样能取得胜利。正因如此，有远见的强者永远不会高枕无忧，他们会时刻保持危机感。

事典

自取祸殃的栾盈

春秋时期，栾氏家族把持晋国朝政，势力强大。

栾氏家族的头面人物栾盈身居要职，从不把朝中其他大臣放在眼里。他随意安插亲信死党，谁若反对必遭无情报复。

看到百官屈服，栾盈得意地对手下心腹说：

“朝廷内外都是我的人，我真不知道还有谁敢和我作对，我们可以放心享乐了。”

心腹齐声恭维栾盈，只有一人对栾盈提出异议说：

“大人权重势大，说一不二,百官现在只是无奈服从，并不是真心拥戴。大人为保久长，当不要以权势压人，一味打击，不然他们心中不服，终会闹事的。”

栾盈听之即笑，说：

“我权势在手，党人众多，还用得着礼贤下士吗？闹事者必败，他们凭什么战胜我栾盈呢？”

栾盈结怨甚多，朝中大臣范匄便暗中联络反对栾盈的人。范匄对他们说：

“栾盈结党营私，凌辱百官，他虽有权势，但不得人心。我们尽管弱小，但只要联合起来，攻其不备，胜算也很大。”

遭栾盈迫害的人同仇敌忾，他们抱着必死的决心发动攻击。栾盈做梦也想不到会发生这种事，被打得措手不及，狼狈不堪地逃到了国外。

栾盈先到了楚国，后来又到了齐国。齐国想利用栾盈破坏晋国的稳定，于是把他偷运回栾氏的封地曲沃城，支持他发动叛乱。

栾盈在曲沃城一呼百应，很快便拥有了一支强大的军队。栾盈又嚣张起来，他对手下人说：

“从文公以来，我们栾氏一直是官高位显，无人能比。先前我毫无防备，才会让小人得逞。不过斗争终要靠实力，那些乌合之众怎能抵挡得了我的大军呢？”

曲沃大夫胥午和栾盈交情深厚，当栾盈向他求助时，他劝栾盈说：

“你先前不施恩德，只讲强权，遂有大难。如今你制造变乱，兵强马壮又有什么用呢？这会招致天下人的反对呀。你不要再争了，我看是毫无希望。”

栾盈百般恳求，说道：

“现在箭在弦上了，不得不发，难道你忍心袖手旁观吗？”

胥午碍于情面，最后答应助他。胥午私下和朝中大臣魏舒取得联系，由魏舒做内应。

栾盈大军步步逼近的消息传来，朝中百官无不胆战心惊。已执掌权力的范匄见人心动摇，忙安抚百官说：

“栾盈反叛朝廷，大逆不道，他是不会成功的。我们顺天应民，为正义而战，上天会保佑我们。”

大臣乐王鲋坚定地支持范匄，他分析说：

“栾盈看似不可战胜，其实有致命的弱点，那就是他孤立无援。现在朝中和栾盈关系好的只有魏舒，只要把魏舒控制住，不让他们联手，栾盈就必败无疑。”

范匄派自己的儿子范鞅劫持魏舒入宫。一见面，范匄十分客气地对魏舒说：

“贸然相请实不得已，为了晋国的安危，只好委屈你了。你是个明白人，怎会和栾盈搞在一起呢？栾盈无信无义，我看他只是利用你罢了。”

魏舒垂头丧气，推托狡辩。范匄为了笼络他，许诺说：

“只要你忠于朝廷，不助贼人，便是晋国的大功臣。我答应你，一旦叛乱平息，曲沃城就归你所有。”

魏舒被拉到朝廷一边，栾盈的气势大减，军心动摇。不久，栾盈的叛乱就被平定了。

原文

弱不称尊，称必害。

译文

弱者不能自称尊贵，自称尊贵一定会受到伤害。

释评

尊贵人人欲得，但树起了尊贵的大旗，就意味着要接受各方面的挑战，而弱者是经受不住考验的，只能沦为他人的牺牲品。尊贵的地位不是自封的，其中暗藏杀机。聪明的人会审时度势，利欲熏心的人终会自取其辱。

事典

袁术的穷途末路

袁　术

袁绍之弟，出身“四世三公”之望族，为汉末群雄之一。志大而量小，夺得玉玺后立即称帝，遂成众矢之的，接连兵败，吐血而亡。

镜　鉴

盲目地追名逐利，只会让自己成为争斗中的牺牲品。

东汉末年，割据淮南的袁术积蓄了一些力量，便想称帝。一日，他召集手下人说：

“从前，汉高祖不过是一个小小的亭长，屡战屡败，像他这样低微的人都能称帝，可见皇帝人人都可当。我现在拥有淮南，地广粮多，正是建功立业的好时机。”

袁术的手下多是贪鄙者，他们也想借此高升，于是不少人附和说：

“主公英明，百姓拥戴，这是众望所归的。一旦主公继承大位，名正言顺，要统一天下就不是什么难事了。”

袁术听来顺心，眉开眼笑。

主簿阎象没有附和，他站出来反对说：

“皇帝乃是天下至尊的名号，人们为此不惜杀亲断义，无所不用其极，结果只有天下最强者才能据为己有，而其他人无不是白白送了性命。如今天下大乱，诸侯林立，主公虽强，但还不是独占鳌头，这个时候如果贸然称帝，那么只会引火烧身，招致天下诸侯的围攻，主公仍需等待啊！”

袁术把眼一瞪，生气地说：

“众人皆说可行，独你横加阻拦，难道只有你最高明吗？这件事我考虑了很久，你不必多言！”

阎象被无情斥责，心中郁闷。他回到府中，几日都食不下咽。

阎象的一位好友前来探问病情，不解地对他说：

“主公袁氏四世三公，乃世代贵胄，主公如今又兵精将广，称帝未尝不可。你在殿上当众反对，而且言辞激烈，好像大祸临头一般，为什么呢？”

阎象流下苦泪，凄然道：

“主公贪图皇帝的名号，众人又攀附富贵，这样下去只有灭亡了。比主公实力强的诸侯不在少数，他们为何不称尊呢？这就是他们的见识。我们并不强大，却偏偏好名重利，这不是大祸临头吗？”

好友听后，紧张起来，急促地说：

“此事关系我军兴亡，我等不能坐视主公自毁，合当冒死进谏哪！”

于是，他们一同求见袁术，劝他改变主意。

可是袁术不待他们把话说完，便翻脸道：

“你们串通一气，就是为了说废话吗？我掌控大局，做事岂会随意？你们不知深浅，还不速速退下！”

赶走了阎象二人，袁术气犹未消，他对自己的宠妾说：

“遍观天下诸侯，有资格称帝者非我莫属，正所谓当仁不让，我为何要落在人后呢？阎象他们是杞人忧天啊！”

宠妾艳羡富贵，她怂恿道：

“大王所说极是，哪能把皇帝之位轻易让人？此事宜速速实行，一旦成了事实，别人就不会烦扰大王了。”

袁术于是匆忙称帝，乘龙凤辇，立台省等官。

消息传出，天下诸侯同声指责袁术僭称帝号，大逆不道。袁术不以为然，接着贸然和吕布开战，遭到惨败。

袁术派人去江东向孙策借兵，不料孙策开口便说：

“一个无德无能的人竟敢自称皇帝，他只会被天下人鄙视。我孙策不屑与无耻之人交往，恕难从命。”

袁术听使者回报，暴跳如雷。他准备讨伐孙策，长史杨大将苦谏说：

“我军刚败，不可再战。主公既已称帝，当广布仁德，不能只靠打杀了。”

袁术称帝之后，日益孤立，实力不断被削弱。汉献帝建安四年（199），袁术已是穷途末路，最后兵败，吐血而亡。

原文

强勿逾礼，逾则寇。

译文

强者不能超越礼法，超越礼法就是贼寇了。

释评

在社会的框架内，任何人都不能无拘无束，强者也不例外。凭借实力和地位虽可以一时取胜，但难敌众口谴责。礼法是无形的，却是强大的，它是规范社会秩序的利器，蔑视它的人便会为人们所鄙视，成为人人喊打的盗贼。

事典

知难而退的楚庄王

楚庄王

春秋时期楚国君主。在位期间选贤任能，改革内政，扩充军备，使楚国成为春秋五霸之一。曾先后打败庸、麋、宋、舒、陈、郑等国，问周鼎之轻重，意欲移鼎于楚，后世遂有“问鼎中原”之说。

镜　鉴

“名”蕴藏着潜在的力量，强者无“名”而逞强，会遭到更强大的抵抗。

春秋时期，楚庄王打败晋国，称霸的野心越来越大。

楚庄王八年（前606），楚庄王领兵北征，攻打陆浑戎人。经过周王室的地界时，楚庄王传下号令，就地驻扎。

人们对楚庄王的决定感到惊讶。有人便对楚庄王说：

“行军打仗，重在攻其不备，速战速决，我军在此逗留，怕是要影响战局啊。”

楚庄王面带微笑，道：

“陆浑戎人岂是我的对手？他们是必败的。如今我们在周天子地界，不趁此张扬我军军威，岂不可惜吗？”

楚庄王的一位谋臣不同意他的做法，他说：

“天下有礼法在先，天子有天子的威仪。楚国虽强，但在礼法上毕竟是诸侯臣子，公开挑战天子实属不妥。这件事传扬出去，楚国就要背上不敬天子的罪名了，于楚国称霸大为不利。”

楚庄王把手一挥，长笑道：

“如今天下以强者居之，谁会在意什么礼法呢？”

楚庄王执意在此停留，又举行了声势浩大的阅兵演习。弱小的周王室又恨又怕，只好无奈地派大夫王孙满前去慰问。

王孙满见到楚庄王，发现他一脸傲气，于是说：

“天子怜恤下臣，派我前来慰问楚军，这是天子的盛德啊。”

楚庄王不得不寒暄道：

“天子关怀，楚军十分感激。”

楚庄王气势受挫，但他不甘如此，继而问道：

“我听说大禹铸有九鼎，象征九州天下，不知鼎的轻重如何？”

九鼎是王权的象征，楚庄王刨根问底，分明是不怀好意。王孙满知其意图，便借此警告楚庄王说：

“天子有德方能拥有天下，德比鼎更为宝贵。一些人只见鼎而不修德，他们的见识太短浅了。”

楚庄王听出了王孙满的弦外之音，重声威胁说：

“在我看来，鼎也是寻常之物，何贵之有？楚国士卒折断敌兵的戈尖矛头，便足够铸成九鼎了。”

王孙满也提高了语调说：

“仅依靠强大的武力行事，是不能拥有鼎的，更不能拥有天下。从前夏朝实行德政，九州百姓主动把青铜贡献出来，这才铸成九鼎。九鼎是代表天下民心啊。后来夏桀无道，九鼎迁到了商。如今天子拥有九鼎，是天下共知的礼法，所以无人异议。倘若九鼎无端被夺，天下诸侯会答应吗？一国之强总强不过诸侯合力，你说呢？”

王孙满句句在理，楚庄王哑口无言。事后，楚庄王的手下说：

“周朝的德行虽然衰微，但还没有到消亡的时候，大王不能有取代之心。大王若和天下人为敌，我们就孤立了，楚国反有不测之忧。”

楚庄王仔细思量，亦觉难以和天下人相抗，于是打消了灭掉周王室的念头。

原文

不罪于下，祸寡也。

译文

不轻易谴责身份低微的人，祸患就会减少了。

释评

地位高者常有一种油然而生的优越感，他们往往看不起身份低微的人，一有机会，便毫不客气地对弱者大加声讨，滥施淫威。他们常常把这视为威严的象征，其实这是在自掘坟墓。强者的盛气凌人常是弱者奋起抗争的一个直接原因。弱者也需要尊重，谁也不能漠视他们的存在。

事典

卫献公的淫威

卫献公

名衎，春秋时期卫国君主，卫定公之子。曾因国内发生政变，奔齐避难。在外十多年后，回到卫国复位。

镜　鉴

不除之而怒之，遭祸。

卫献公为人冷酷无礼。一日，他传召大臣孙林父和宁惠子共进午餐。

孙林父、宁惠子早早穿上朝服，静静地在宫中等候卫献公。

到了中午，卫献公还在后花园射雁。

孙林父、宁惠子腹中饥饿，又没人招呼他们，感觉受了极大的侮辱。孙林父心中有气，他对宁惠子说：

“大王言而无信，分明是在戏弄我们。”

宁惠子也很生气，不满道：

“我们虽是臣子，但也不能无缘无故受此屈辱，大王实在是太傲慢了。”

天色已晚，卫献公仍在玩乐。当他得知孙林父、宁惠子二人坐立不安时，竟放声狂笑起来。他对随从人员说：

“这两个人平日居功自傲，寡人就是要借此杀杀他们的锐气。寡人是君，他们是臣，他们不满又能把寡人怎么样呢？”

随从人员有的赔笑，有的却笑不起来。他们说：

“无罪而被无端羞辱，他们必定不服啊。大王这样来显示威风，岂不和他们结下仇怨？他们二人乃是朝中重臣，纵有小错尚不能轻易责罚，何况无罪呢？”

卫献公笑道：

“在寡人的眼里，谁也不是英雄好汉，他们难道还敢造反吗？”

孙林父、宁惠子二人找到后花园。不想卫献公冷眼相待，绝口不提宴饮的事，他还训斥二人说：

“听说你们揽权纳贿，多行不法，可有此事？”

见卫献公态度严厉，二人打个冷战，连忙分辩。卫献公见二人惶急的模样，竟又笑出声来，随口说：

“你们知道害怕，寡人就不追究了。寡人只想让你们知道，你们的事是瞒不过寡人的慧眼的。”

孙林父、宁惠子连遭羞辱，心中气极。他们从宫中出来，俱道：

“如此昏君，我们还指望他什么呢？”

孙林父一气之下，回到了故乡戚地，只让他的儿子孙蒯留在朝中。卫献公见气走了孙林父，十分得意。他忌恨孙氏的势力，想进一步搞垮孙氏。

一天，卫献公请孙蒯饮酒。酒宴上，卫献公故意让乐师演唱《诗经·巧言》的最后一章——“彼何人斯？居河之麋。无拳无勇，职为乱阶”，用以暗指孙氏的跋扈不臣和讥讽他的无能。

孙蒯猜出了卫献公的真意，他赶到戚地对父亲说：

“大王处处为难我们，分明要对我们下手，怎么办呢？”

孙林父怒道：

“我有功无罪，大王却要置我于死地！他以为别人奈他不何，我偏要以小搏大，给他个教训。”

孙林父召集族人、乡亲，毅然发难。他率领队伍向都城进发，沿途又有很多怨恨卫献公的人纷纷加入。

卫献公恐慌之下，派他的三个儿子去同孙林父讲和。不料孙林父回绝道："我被逼而反，早就做了必死的准备。像你们这样的人，哪能相信呢？"

孙林父杀了卫献公的三个儿子，继续进军。卫献公落荒而逃，险些丧命。

原文

目无贵贱，君子也。

译文

眼里没有贵贱之别，是君子的行为。

释评

把人分为三六九等是很庸俗的，也是有偏见的。人本无贵贱之分，持有这种观念才是对人的真正尊重，君子的一切善行也正是源于此。眼里没有贵贱，才能做到位高而不骄、位卑而不耻，才能真诚地待人接物。没有这种深刻认识，人们便无法摆脱庸俗和势利，从而进入君子的行列。

事典

百姓赞颂的辛公义

隋文帝时，刚刚就任岷州刺史的辛公义发现当地有一种恶俗：百姓一旦生病，其家人怕传染，不但不尽孝义之道，而且远远避开，甚至父子、夫妻之间都是如此，致使许多病人不得医治而死。

辛公义格外痛心，他对州府的官员们说：

"人命关天，岂有见死不救之理？百姓愚昧，我们为官者当加以教化，引导他们向善，这是我们的责任啊！"

州府的官员没有回应。有的竟对辛公义直言道：

“百姓既愚且贱，他们都不知关爱他人，官府何必多此一举呢？何况救治病人要出钱出力，更要冒着被传染的风险，我们当官的性命宝贵，这样做不值啊！”

辛公义听到有人说出这样的话来，气得猛拍桌案，说：

“做官要为百姓着想，这是做人的良心，也是为臣的忠心。谁都有活命的权利，轻视百姓就是作践我们自己。我希望你们认真反省，和我一道帮助百姓。”

辛公义派出属吏巡视全州，凡发现有病的百姓，一律将他们抬到官衙之中，安置在厅堂，请医生为其诊治。

辛公义亲自劝教病人亲属，说：

“天有天灾，人有人祸，这是很自然的事，为什么要躲避呢？人需要关爱，只有合力同心才能渡过危难，何况生病的是你们的亲人呢？”

辛公义的话打动了所有人的心。他们羞愧地说：

“我们太自私了，和大人相比，我们枉为人哪！”

夏天流行瘟疫时，厅堂里的病人有时多达数百人，走廊里都住满了病人。州府官员劝辛公义暂时躲避，他们说：

“大人爱民如子，也要爱护自己的身体，万一大人病倒，岷州百姓指望谁呢？”

辛公义摇头说：

“我幼年丧父，历尽辛苦，没有那么娇贵。再说，许多事需要及时处理，我哪里能离开呢？我个人并不重要，还是全力救治百姓吧！”

辛公义将自己的床和桌子搬到病人当中，一边照顾病人，一边办公。他还将自己的俸禄全部捐出，为病人求医买药，供给其饮食。

辛公义的努力没有白费，很快，病人全都被治愈了。岷州的恶俗也从此革除，辛公义被百姓尊为圣人，深受敬仰。

原文

心系名利，小人也。

译文

心中只有名利二字，是小人的行径。

释评

作威作福的人是不会淡泊名利的，他们把名利视为养尊处优的资本，为此他们并不在意别人的感受和想法。为名利而活，把名利当成人生的最高追求，把道德抛之于脑后，不放弃任何机遇，这是世上小人的共同特点。如果一个人凡事只讲实惠、利益，那么他的发展就会走向歧路，人们应该提防他。

事典

杜重威的恶行

五代时期，杜重威在后唐的军队中只是一名下级军官。

一日，后唐驸马石敬瑭去军营视察。杜重威趁机极力巴结，还暗表忠心说：

“大人雄才伟略，小人仰慕已久，日后如有差遣，当效犬马之劳。”

石敬瑭野心勃勃，正到处搜罗党羽，眼见杜重威主动投靠，便有意将他收至门下。

一个了解杜重威的人对石敬瑭说：

“一个人是否值得信任，只要看他平日的行为就可以了。虽然杜重威的官位不大，但他官架子十足，讲究排场，不尊敬他的士兵总会遭到他的打击报复。遇有好事，杜重威从不相让，挖空心思去争夺，不惜行奸使坏。

总之，杜重威只重名利，缺少道义，大人还需慎重任用这样的人啊！”

石敬瑭也不是善类，仅仅想利用杜重威。他说：

“做非常之事，当用非常之人，何必拘于人品呢？贪名好利者一旦以名利诱之，任何事都肯做的。”

于是石敬瑭多方提携杜重威，为了让他死心塌地追随左右，还把自己的胞妹许配给他。

杜重威成了石敬瑭手下的干将。当石敬瑭灭唐建晋、自称皇帝时，杜重威第一个站出来拥护。

石敬瑭是以割让燕云十六州、向契丹自称“儿皇帝”为条件才当上皇帝的，为天下人所不耻。有人便劝杜重威说：

“石敬瑭的丑行惹得天下人愤怒，你追随他不会有好结果。你现在有兵有权，应该替天行道，带头起兵讨伐他。”

杜重威表面答应，私下却将那人杀死，还向石敬瑭表功说：

“陛下灭唐，乃天意民心。臣杀此人，略表寸心。如有人抗拒天命，请陛下命我出征，定不负陛下。”

成德军节度使安重荣聚集境内十万兵反晋，石敬瑭急命杜重威迎敌。

由于安重荣的士兵缺乏训练，杜重威很快就打败了他。为了邀功领赏，杜重威竟将安重荣的部将全部斩首，并杀死百姓万余人，假充反军的首级。

杜重威的暴行令人发指。他的一位至亲苦劝他说：

“名利对你真的那么重要吗？你为此不惜杀生害命，难道不怕报应吗？你就不为日后着想？”

面对至亲的声声责问，杜重威没有一点儿惭色，还无耻地说：

“若非这样做，我的荣华富贵哪里来？世上的恶人也不是仅我一个，他们不是活得都很好吗？”

杜重威在成德军节度使任上，把官府中的钱粮全都据为己有。他对百姓极力搜刮，致使百姓不堪其苦，纷纷逃往他乡。

有人据此弹劾杜重威，石敬瑭却不予理睬，他只向手下的大臣说：

“杜重威有谋反的迹象吗？”

大臣们不敢妄言，只是摇头。

石敬瑭如释重负，说：

“杜重威忠心于朕，朕就放心了。在朕看来，他贪财好利都是小事，你们就不要抓住不放了。”

有大臣争辩说：

“杜重威如此贪婪，说明他是个典型的小人，他的忠心也难免会变。陛下现在不整治他，恐怕日后他会对朝廷不利。”

石敬瑭仍对杜重威充满信任，只是口头训诫了杜重威几句，便不再追究此事了。

后来，契丹南下入侵中原，作为晋军主帅的杜重威为了个人富贵，偷偷派人前去请降，后晋随之灭亡。

河东节度使刘知远建立了后汉，杜重威遂又向刘知远称臣。刘知远看透了杜重威的小人面目，死前叮嘱近臣将佐要提防杜重威。刘知远死后，宰相苏逢吉等人便把杜重威和他的三个儿子一并斩首，陈尸街头。

原文

君子尊而泽人，小人贵而害众。

译文

君子身处高位会造福世人，小人有权有势会危害百姓。

释评

为官是一种荣誉，更是一种责任，关系着千百万民众的切身利益。沽名钓誉者没有责任心，官位便会成为他们巧取豪夺的阶梯，老百姓也将为此遭殃。为官不能计较个人的毁誉，在乎自己得失的人是不能为百姓造福的，这也是检验君子与小人的标准之一。

事典

不惧万险的陆贽

唐朝的德宗皇帝李适十分贪财，他储存在内库的财物堆积如山，只许进不许出。建中年间，田悦、李正已等人率部造反，朝廷平叛军需不足，德宗皇帝也舍不得拿出内库的钱。

大臣陆贽对德宗的行为感到不解，他对德宗说：

“万里江山，富有四海，这才是陛下最大的财富。如果江山有失，那么陛下的钱财又有何用？”

德宗怪罪陆贽多言，想要惩治他，多亏一位服侍德宗的太监替陆贽求情，陆贽才逃过一劫。

事后，那位太监对陆贽说：

“皇上爱钱，是人所共知的事，人们怕招来灾祸，都不敢言，你为什么还要惹恼皇上呢？你太不识趣了。”

陆贽谢过太监，认真地说：

“如果计较个人得失，那么我是不会冒险的。现在情况危急，百姓受难，我们做臣子的都不出头，朝廷还能存在吗？为国为民，都值得我冒死进谏啊。”

德宗皇帝后来变本加厉，竟要求各地藩镇给他进贡，并将进贡多寡作为官员升迁的重要条件。

宰相李泌认为德宗荒唐，他劝谏无效，伤心地对陆贽说：

“皇上财迷心窍，看来是不可救药了，这样下去如何是好？”

陆贽心急如焚，道：

“我不能眼见江山一步步走向灭亡，我还要死谏。”

李泌摆手说：

“我和皇上争辩几句，皇上便大为不快，何况你呢？我们已无能为力，还是别去惹祸了。”

陆贽谢绝了所有人的劝阻，他当面对德宗说：

“让皇上不高兴，绝不是我的本意，可如果我任由皇上自坏根本，那我就是不忠的小人了。皇上命藩镇进贡，藩镇势必会加紧压榨百姓，百姓被逼急，没有了活路，就只能走上造反的道路，难道这是皇上所希望的吗？”

德宗无法作答，只是拂袖而去。朝中奸小想借此铲除陆贽，他们进谗说：

“陆贽和陛下作对，表面上是为了朝廷，可实际上是为自己捞取名誉啊。他对陛下不敬，陛下不能让他如此嚣张。”

德宗还没有彻底糊涂，他意味深长地说：

“陆贽几次冒死进谏，如果只是为了名誉，谁会这么做呢？他将生死置之度外，朕也拿他没有办法啊。”

陆贽担任宰相时，掌管户部度支事务的大臣裴延龄为讨取德宗欢心，竟谎称从粪土中挖出银子十三万两，并将银子都献给了德宗。

陆贽找到裴延龄，怒斥他说：

“你身为朝廷大臣，为了升迁竟欺君害民，谁会相信你的鬼话呢？”

裴延龄说：

“让皇上高兴，也是臣子的职责，你为何认真呢？”

陆贽写了篇《论裴延龄奸蠹书》，历数裴延龄七大罪状，准备呈给德宗。陆贽的亲友一致反对说：

“裴延龄若没有皇上撑腰，也不会有那么大的胆子。你若揭发他，皇上为保颜面，一定会加罪于你。此事凶多吉少，断不可行。”

陆贽坚定地说：

“我上不负天子，下不负所学，纵有万险，又有何惧？”

陆贽毅然上书，结果德宗大怒，将他贬为忠州别驾。陆贽并不后悔，他说：

“我最看重君子的名声，视之为生命，如今所幸生命犹在，其他的不足虑也！”

原文

至善无迹，然惠存也。

译文

最大的善行是没有痕迹的，但它的恩惠却是实实在在的。

释评

地位高的人偏爱为自己树碑立传，他们多抱着这一目的做善事。但真正的善是发自内心的，夹杂功利的行善不会打动人心，也不可能持久。愚弄他人并不可取，金钱换取不来崇高的名望。倘若一个人因行善没有回报而抱怨，那他就注定是个急功近利的人，并不值得人们感恩戴德。

事典

萧衍的夸耀

萧　衍

南朝梁建立者。原为齐臣，后推翻暴君萧宝卷而自立。萧衍为人勤俭多才，政治军事才能卓越，在位颇有政绩。然晚年怠于政事，导致“侯景之乱”，竟饿死于台城。

镜　鉴

善应落到实处，修塔拜佛不及关注民生。

梁武帝萧衍以礼佛行善著名，他为此沾沾自喜，总是问别人：

“朕的善事数不胜数，谁能和朕的功德相比呢？”

满朝文武吹捧他说：

“陛下一心向善，天下受益，陛下就是在世的佛祖啊。”

大臣沈约是萧衍的旧部，早在萧衍担任南齐雍州刺史时，便陪伴左右。沈约并不认同萧衍的行为，他对萧衍说：

“陛下执掌天下，百姓都是陛下的子民，现在天下混乱，陛下不该因为礼佛而忽视了百姓的疾苦。礼佛有功，但救助百姓才是当务之急啊！”

梁武帝不高兴，夸耀说：

“朕建宝刹无数，必将传诸后世。你说的那些功德，后世哪里能看得见呢？”

都城建康有座同泰寺，是当时南梁最大的寺庙，有僧侣数千人。

大通三年（529），梁武帝到同泰寺舍身出家，一住多日，拒不回宫。大臣们劝他说：

“陛下礼佛爱民之心人皆可见，自不必真的出家。现在天下政务急需陛下处理，陛下不能撒手不管啊。”

沈约也苦劝梁武帝说：

“陛下的善心天下皆知，然陛下不应不理国事。此时倘若敌国来犯，而我军不备，朝廷无主，岂不酿成大祸？”

梁武帝拒绝道：

“有佛祖佑护，敌国若进攻也是有来无回，朕不必担心。”

僵持了七十三天，大臣们无奈捐钱一亿，向“三宝”祷告，才把梁武帝从同泰寺中“赎”了出来。为了显示仁慈宽厚，梁武帝对皇亲国戚特别优待，无论他们有多大的罪也不予追究。他对大臣们说：

“朕笃信佛教，不愿追究你们的罪过，只希望你们感恩报国。从前帝王多有杀戮，朕不忍那么做啊！”

有人担心法度废止，上书反对说：

“刑罚是治国的方略和措施，如果没有刑罚的威慑，人们便会行奸作乱。陛下这么做不是仁慈，而是纵容人们犯法害国。”

梁武帝见之便笑，对大臣们说：

“朕的宽厚只针对士大夫，而对暴民贼盗，朕会大力打击的。暴民贼盗没有感恩之心，朕不会对他们手软。”

当时梁朝法律规定：普通百姓被认定犯罪时，父母妻儿都要受到惩罚；若有逃亡，全家都要逮捕下狱。

对此，沈约私下对其家人说：

“皇上好大喜功，贪恋虚名，善事都是做给别人看的。皇上这样收买人心，用意太过明显，其实哪里管用呢？”

侯景之乱时，建康城被侯景叛军所围，梁武帝把诏书系到风筝上，命令各路勤王大军进攻解围。但各路统帅都不听命，建康城很快陷落，武帝也困饿而死。

原文

至尊无威，然心慑耳。

译文

最高贵的人没有威仪，但他能让人心悦诚服。

释评

装腔作势、派头十足往往是小人得志时的模样，正人君子是不屑为之的。摆出一副高不可攀的架势，不仅抬高不了自己，还会暴露出小人面孔，令人生厌。人们永远喜欢接近平易随和的领导者，而领导者的朴实无华最能征服人心，赢得声望。

事典

声震敌国的乐喜

春秋时期，宋国的司城乐喜为政清廉，性情谦和，关爱百姓，在宋国有着崇高的威望，各诸侯国也十分敬重他。

一次，楚国使臣士尹池来访，乐喜在自家府邸接待他。士尹池见乐喜家的南边院墙弯弯曲曲，西边邻居家的积水不停地流入他的院内，忍不住问道：

“大人乃宋国重臣，不想府邸并不堂皇，且受邻人流水之苦。我真不明白，这样怎能获得别人的敬重呢？”

乐喜笑说：

“以势压人能换来别人的敬重吗？只有小人才会这么想啊。”

士尹池仍是觉得乐喜没有威仪，有失身份，他说：

“为官者要治理百姓，不能随便，若为官者不让百姓惧怕，就很难管理他们了。现在大人竟受邻人欺负，那么大人该如何治国呢？”

面对士尹池的追问，乐喜摇头一笑，他进一步解释说：

“我家南面的邻居是鞋匠，已历三世了，他做的鞋负有盛名。我若逼他迁走，买鞋的人将不知他搬往何处，这样人们买鞋就不方便了，也直接影响了鞋匠的生意。我家西边的邻居，他家的地势比我家高，水向东流是很正常的事，我岂能指责人家呢？若是依仗权势将他们轰走，我又和那些豪强有什么分别？一个国家有这么霸道的官员，只会使朝廷和百姓离心离德，也让治理国家成为一句空话。”

士尹池对乐喜肃然起敬，立觉乐喜不凡。

士尹池回到楚国，楚国君臣此时正在商议攻打宋国的事。士尹池闻知色变，急忙求见楚王，说：

“攻打一个国家，一定要看准时机，乘虚而入才能成功。一个国家是强是弱，不能只看它的大小，更要看其国君臣百姓是否团结一心。臣出使宋国，见其君主贤明，大臣仁德，大得人心。大王若贸然进攻，必定失败，不如趁早打消此念头。”

士尹池接着又叙说了他在乐喜府中的所见所闻。楚王听了亦是感叹，他说：

“乐喜不怒自威，这样的人不可小看啊，只怪寡人从前太不了解他了。”

于是楚王取消了攻打宋国的计划。

孔子知道这件事后，对乐喜称赞不已。他对自己的学生说：

“乐喜不以强权树威，和百姓平易相处，这不是一般人能做到的。他修养自己的品德，却能制胜千里之外的敌人，这才是至高无上的威严哪。”

一个宋国人得到了一块稀世美玉，他敬慕乐喜，于是决定把美玉献给乐喜。他诚恳地对乐喜说：

“大人品德高尚，为民尽力，这块美玉乃是我的一点儿敬意。如果大人不收下，那么我只好长跪不起了。”

乐喜扶起那人，动情地道：

“你的心意我领了，但美玉决不能收。美玉是你的宝贝，而我以不贪作为珍宝，我若收了美玉，我们都会失去一宝，这对我对你都不是件好事。”

宋平公三十二年（前544），宋国发生了天灾，许多农田颗粒无收。乐喜立即请求宋平公开仓放粮，救济灾民。

由于天灾严重，国库的粮食也不够救灾，于是乐喜动员百官说：

“百姓无依无靠，而我们做官的却有富余，我们不能见死不救啊！这个时候我们若伸出援手，远比平日说多少好话更能赢得百姓的信赖。”

乐喜率先向百姓出借粮食，且不写契约。乐喜的家人说：

“没有契约，将来如何讨要呢？”

乐喜道：

“我说出借粮食，只是想让百姓更容易接受，我的本意是不必偿还。”

乐喜此举感染了百官和各级官吏，他们纷纷效仿，竭力赈灾。宋国度过了危机，各诸侯国从此更加看重宋国，都派出使臣向宋国慰问说：

“贵国不幸遇上灾害，却幸有乐喜这样的贤臣，使得贵国上下一心。这是贵国最宝贵的财富，我们深表敬佩啊！”

守卑卷 第五

人卑莫僭，羸马勿驰。草木同衰，咸存其荣。

君不正臣谲，君之过也。上无私下说，上之功也。

宠不树敌，绝焉。陋不论道，暴焉。

堪亲者非贵，远之不辱也。毋失者乃节，恃之必成矣。

本卷精要

· 人卑莫僭，羸马勿驰。

· 草木同时衰败，但它们都有茂盛的时候。

· 只要气节不失，便不是贫贱者。

· 如果想做一个可笑的浅陋者，那就夸夸其谈吧。

原文

人卑莫僭，羸马勿驰。

译文

地位低的人不要做超越本分的事，瘦弱的马不要拼命奔跑。

释评

不甘寂寞的卑微者总喜欢扯大旗做虎皮，以此达到自己向上爬的目的。上进心不能用作贱自己来体现，也不能靠虚张声势来支撑。如果自不量力地拔高自己，那么正如瘦马狂奔一样，终会倒毙。当然，一个人即使地位再低，也不能失去自信和自赏。正所谓大有大的难处，小有小的美处，换个角度看问题，答案就大不相同了。

事典

孔熙先谋反

南朝宋文帝刘义隆在位时，年轻博学的孔熙先任员外散骑侍郎。孔熙先不满官职低微，常对别人发怨言说：

“一个人的才学如果不为世人欣赏，那真是太可悲了。我就是这种可悲的人，我感到不公平啊！”

孔熙先的朋友劝他不要乱发议论，告诫他说：

“自古等级森严，怀才不遇者比比皆是，这有什么值得抱怨的呢？我们官位卑微，只能老实听差，否则，等待我们的绝不是好结果。”

一次，孔熙先和上司谈论学问，上司不懂装懂，错误百出。孔熙先不客气地对上司直言说：

“做官和治学是不同的，做官讲究顺应上意，随机应变，而治学要严谨无误，不可随意发挥。依下官看来，大人只可当官，不能治学啊！”

因为孔熙先语含讥讽，上司怀恨在心，于是常常借机责难他。孔熙先很久也得不到升迁，怨恨日积月累，竟有谋反之意。

孔熙先的父亲孔默之曾任广州刺史，因贪赃枉法被贬下狱，彭城王刘义康将孔默之保释出狱，使他免受了处罚。孔熙先记住了这段旧事，他决定拥戴刘义康，一则可以报恩，二则增加号召力，方便自己行事。

时任左卫将军、太子詹事的范晔因受宋文帝的斥责，说过一些牢骚话。孔熙先为了拉他入伙，千方百计地讨好他。二人关系亲密之后，一次，孔熙先对范晔说：

“大人的才学足称天下第一，为什么反居一些无能之辈之后呢？”

范晔想了想，道：

“朝中有奸人无事生非，皇上被他们蒙蔽了。”

孔熙先阴冷一笑，挑拨说：

“没有皇上默许，那些奸人是不敢难为你的。皇上表面上对你亲厚，可终究不愿和你家通婚，这是明摆着的不信任，你不要再糊涂下去了。”

孔熙先不停地挑拨和拉拢，范晔终于入套，加入了谋反阵营。

孔熙先打着刘义康的名号，暗中召集人马，为谋反做准备。孔熙先的一位心腹担心事败，对孔熙先说：

“大人冒此大险，成功了功劳归他人，失败了却使自己遭殃，真的值得吗？大人不足以号令天下，干这种事实在太凶险了。”

孔熙先狂妄地说：

“我本有经天纬地之才，奈何久居下位，无以发挥。发动政变对别人来说很困难，对我而言却是易如反掌，你放心好了。”

后来，由于有人告密，孔熙先、范晔未及发难便被捕获。孔熙先并不抵赖谋反之事，他愤愤地对审讯自己的官员说：

“我凭自己的才干足以为相，却只当个散骑侍郎的小官，我为什么不谋反呢？”

官员呵斥他说：

“如你所言，天下将会大乱，谁又能安心生活呢？”

孔熙先不能作答。最后，孔熙先和他的同党全被诛杀。

原文

草木同衰，咸存其荣。

译文

草木同时衰败，但它们都有茂盛的时候。

释评

常言道，“人生一世，草木一秋”，无论尊卑贵贱，人生都是极短暂的。所有的生命都是美丽的，每个生命的价值都不可替代。和生命的意义相比，人们实在不该为自己的卑微而烦恼。小人物同样可以做出惊天动地的大事，而抛弃自卑则是成功者的首要前提。

事典

劝人振作的张耳

张耳年轻时穷困无着，无奈投奔魏国的信陵君，做了他的宾客。

信陵君招揽宾客三千多人，无论宾客有没有本事，他都以礼相待。

一次，信陵君和张耳谈话，发现张耳说话吞吞吐吐，十分自卑。信陵君皱了皱眉头，问他：

“先生并不自信，这是为什么呢？”

张耳并不隐瞒，他诉苦说：

“我出身卑贱，所知甚少，承蒙公子不弃，才得以温饱。眼见宾客中能人众多，而我却不能为公子分忧，实感羞愧啊！”

信陵君久未出声，后道：

“你懂得报恩和自省，证明你拥有难得的美德，你应该为此而骄傲，何必自卑呢？贫穷和富有不能决定一个人的能力，我希望你不要为此忧心，还当振作啊！”

信陵君的话给了张耳很大的鼓舞，他私下对朋友说：

“我以为像我这样的人是没有人瞧得起的，想不到公子并没有嫌弃我，还夸赞了我。从今往后，我不能再自暴自弃了。”

张耳精神大振，开始勤修学业，钻研礼法，各方面都大有长进。后来，渐有名声的张耳当上了魏国官吏，任外黄县令。

当时，陈馀娶外黄富户公乘氏的女儿为妻，常以此为辱。陈馀和张耳结识后，便对张耳说：

“我喜好儒学，多次游历赵国，只叹一无所成。现在我妻富足，我的一切需要由她供给，这是我无能啊！”

张耳说：

“你的妻子既然嫁给了你，定有她看中你的地方，你应该有所作为，而不该自轻自贱，令她失望。”

陈馀深受触动，感谢说：

“你的话使我卸下了包袱，找回了自信。我陈馀若有所成，必定离不开你的教导，请受我一拜。”

张耳、陈馀在外黄结成生死之交。他们又广交朋友，多做善事，渐渐成了魏国的有名人物。

秦灭魏国后，曾悬赏千金捉拿张耳和陈馀。张耳和陈馀逃到陈地，隐名埋姓，为了糊口，他们当了守门人。再度落魄，陈馀又悲观起来。一次，他悲伤地对张耳说：

“我们现在被官府缉拿，随时都有性命之忧，还有什么希望？看来我是个穷命，终要遭受苦难。”

张耳不满他的言辞，教训道：

“我们现在一无所有，如果再失去信心，当真是走上绝路了。你再说这种丧气的话，就不是我的朋友。”

一日，一个当地官吏在街上巡视，陈馀因大声喧哗，被官吏当众鞭打。陈馀想要还手，张耳制止了他。

事后，张耳十分生气，大骂了陈馀一顿，又说：

“你因为一点儿小事就和人拼命，分明是把自己看得太贱了，你这么没有理智，将来是成不了大事的。”

陈馀自觉有失，不停地向张耳赔罪。

秦朝末年，陈胜、吴广在蕲县起义，后到达了陈地。陈地的父老劝陈胜称王，而张耳、陈馀却极力反对，他们二人求见陈胜说：

“得天下者不需要有显赫的身份和名号，关键是得到民心，聚拢才俊。秦王朝恃贵而骄，杀人无数，搜刮民财，实行暴政，才导致了天下大乱，百姓造反。将军高举义旗，如果稍有成就便急于称王，人们会误以为将军一切都是为了私心，恐怕就不会继续追随将军了。”

陈胜拒绝道：

“天下不能无主，否则我靠什么统帅军队、号令天下呢？现在我有此机遇，岂能相让？”

于是陈胜自立为王。张耳十分失望，他对陈馀说：

“将军久居人下，耐不住寒苦，才会有今日草草称王之举。将军如此急于求成，事情大不妙啊！”

后来，陈胜的部下纷纷称王，另立山头。陈胜的力量一再削弱，最终走向了失败。

原文

君不正臣谲，君之过也。

译文

君主不公正致使臣子欺诈他，这是君主的过错。

释评

封建专制时代，君主的地位是至高无上的，不容许有任何的侵犯和不敬，这就从根本上决定了臣子只能绝对服从君主，否则便是死路一条。面对残忍不正的君主，臣子为了保身立命，就可能选择欺骗和迎合他。道德的力量在君臣之间是脆弱的，过度相信它的臣子都难逃厄运。

事典

王翦的请求

王　翦

秦国名将。在秦统一六国的过程中战功卓著。

镜　鉴

愈是功高，愈要低调，否则上遭忌，下遭谗。

秦王嬴政在位时，重用大将王翦。王翦先后率兵灭了赵、燕、魏三国，他的威望一时无人能及。

许多人恭贺王翦，王翦却感到担忧，他对家人说：

“君尊臣卑，这是千古不变的信条，如今人们极力赞颂我，这不是件好事，应当极力阻止。”

王翦于是谢绝人们的拜贺，还主动向嬴政请罪说：

“臣的功劳都是大王赐予的，没有大王的英明果断，哪有臣的战功呢？如今有人不明真相，贸然向臣道贺，请大王治臣的不敬之罪。”

嬴政见王翦不贪功劳，十分高兴，他假作洒脱地说：

“将军英勇善战，攻无不克，天下美誉也不过分，将军不必自责了。”

王翦的儿子王贲年轻气盛，他见父亲不但不张扬，还反称自己有罪，感到十分不满，说：

“父亲功高盖世，不该自己往脸上抹黑，这太委屈自己了。”

王翦对儿子说：

“你不懂人情世故、官场之学，还敢胡言！大王外宽内忌，刻薄寡恩，我若不顾尊卑，贪功邀赏，大王会怎么想呢？我这样做也是迫不得已。我们在这方面千万不可大意。”

年轻的将领李信打败燕兵并俘获太子丹，秦王嬴政开始重视他。

一日，秦王嬴政单独召见他，问道：

“攻占楚国，将军需要多少兵马？”

李信为表雄心，豪言道：

“二十万人足矣！”

秦王嬴政又召见王翦，问了同样的问题，王翦却道：

“楚国不比其他，没有六十万大军难以取之。”

秦王嬴政一怔，随口道：

“你太胆怯了，李信将军说二十万即可，看来你老了。”

事后，王贲对父亲说：

“大王向父亲垂询，分明是选派攻楚之将。父亲太谨慎的话，也许会错失建大功的良机，这岂不让人悔憾？”

王翦就此教导儿子说：

“打仗不是儿戏，没有必胜的把握，决不可轻易夸口。特别在大王面前，万一言语有失，后果只能自己承担，谁敢追究大王的责任呢？”

秦王嬴政派李信和蒙恬率领二十万军队攻楚，结果大败。秦王嬴政亲自来到王翦家中，向他致歉，请他出山。王翦说：

“臣已老迈，力不从心，如有闪失，岂不误了大事？臣相信大王决策无失，只要多派人马，无论何人为帅都可取胜。”

秦王嬴政不许王翦推辞，王翦只好道：

“大王之命，臣只能遵从，不过军队人数非六十万不可。”

秦王嬴政满口应下。

出征之时，秦王嬴政亲自到坝上送行。王翦请求说：

“臣为大王征战，只担心家室用度不足，使臣记挂。大王能否赐臣良田美宅，免臣后顾之忧呢？”

秦王嬴政原本神情肃穆，听完王翦之言，禁不住哈哈大笑，他马上道：

“将军为国尽力，自当富甲天下，孤答应你就是了！”

王翦的心腹悄悄对王翦说：

“两国交兵，大战迫在眉睫，此时向大王请求封赏，不是时机呀！”

王翦沉重道：

“大王猜忌心重，今把秦国军队全都交予我手，并不是出于信任，而是形势使然。我此时索要田地，装出一副贪财的模样，正可打消大王对我的戒心，这实是无奈之举啊！”

原文

上无私下说，上之功也。

译文

上司没有私心才能使下属对他直言，这是上司的功德。

释评

存有私心的领导者是无法让下属信服的。他们任人唯亲，赏罚不明，如果最后沦为孤家寡人，他们没有任何理由怪罪下属。相反，正直无私的领导者和下属患难与共，下属便会把他视为知己，全心为他着想。能使下属忠诚敢言的领导者才是最成功的，他们让下属发挥出全部的聪明才智，使事业兴旺有了根本保障。

事典

碰壁的宋义

秦朝末年，项梁和项羽起兵造反，打了许多胜仗。项梁于是不把秦兵放在眼里，表现得很骄傲，他说：

“秦亡乃是天意，我们替天行道，岂有不胜之理？现在我军应大胆进攻，速战速决。”

曾任楚国令尹的宋义认为项梁轻敌，劝告说：

“秦军曾横扫天下，今虽屡败，但仍不可小看。而我军连胜必骄，这是兵家大忌，将军务必在意。”

项梁对宋义存有偏见，私下对侄子项羽说：

“宋义从前贵为令尹，今日他一定不甘屈居你我之下。他明里是好心，其实谁知他是否暗怀鬼胎呢？他不是我们的人，对他既不能重用，也不能轻信。”

项梁表面上尊重宋义，实际上对他的进言一律拒绝。宋义多次碰壁之后，渐渐醒悟过来。他对自己的好友说：

“项氏叔侄名义是恢复楚国，实质是培养他们自己的势力啊。我这个楚国旧臣不是他们的亲信，难怪他们对我如此冷淡。”

宋义的好友说：

“你已知他们不能容人，何不早早离开呢？”

宋义叹气道：

“不为信任，便为异己，项氏叔侄岂能让我轻松离去？恐怕我此念一生，他们便会除掉我。”

项梁打下城阳之后，为了震慑天下，下令屠城。宋义闻知大惊，对项梁说：

“百姓早已受够秦之暴政，这才会天下反叛，将军难道不知吗？想得天下，当以仁德聚拢民心，望将军收回成命。”

项梁怀疑宋义别有用心，非但不听他的苦劝，还挖苦他说：

“我想杀人，大人百般阻拦，世人若知此事，定会颂扬大人的仁德。不过此事必行，就让天下骂我这个恶人吧！”

城阳全城被屠，死者甚众。宋义伤心之余，还哭着说：

“可恨我如今卑微，有心救人却无能为力啊！”

宋义从此再不对项梁直言，反极力夸他用兵如神。

一次，项梁假意征求宋义的意见，当着众人的面说：

“大人曾为楚国令尹，德高望重，见识不凡，不知大人有何赐教？”

宋义赔笑道：

“我只是个亡国的令尹啊。大楚复兴全依赖将军，将军才是真正的英杰，我听从将军的号令好了。”

项梁心头欢喜，连连微笑。

听了宋义的话，项羽感到意外，他对叔父说：

“宋义这个人一向孤傲，他怎会当众自贬呢？”

项梁肯定地说：

“宋义是个聪明人，他现在是想通了。今非昔比，他还敢和我们作对吗？”

宋义见项梁对他解除了戒备，于是专心筹划离开的事。他对好友说：

“项氏叔侄只谋私利，排斥异己，他们终会败亡的，在他们身边太危险了。一有机会，我便要远走，你也要趁早准备。”

不久，项梁有事要联络友军，宋义主动请缨，借此离开了他。很快，项氏军队在定陶被秦军大败，项梁也死于此役。

原文

宠不树敌，绝焉。

译文

受宠信的人不要树立强敌，因为这是一条绝路。

释评

受宠信的人极易恃宠而骄，他们行为放纵，不经意间便会惹人忌恨。如此，树敌多了，自己的处境便会危机四伏，绝不可能一直幸运。人不能被一时的受宠蒙蔽了双眼，谨守谦卑仍是十分必要的。

事典

费无忌的垮台

春秋时期，楚平王派大臣费无忌到秦国为太子熊建迎娶秦女孟嬴。费无忌看到秦女非常漂亮，心中顿生一计，便赶回楚国对平王说：

“秦女年轻貌美，举世无双，只有大王才可享有，臣请大王娶之。”

楚平王好色无度，马上动心，但他仍有顾忌，说：

“那你如何向太子交代呢？”

费无忌为讨平王欢心，早把太子抛之脑后，他应承说：“只要大王高兴，臣纵是死了也心甘情愿。天下美貌女子众多，另选几个送给太子，太子自然会满意的。”

楚平王于是娶了秦女，不久生下一子，取名熊珍。

费无忌受楚平王宠信，趾高气扬。当时，伍奢是太子的太傅，费无忌是太子的少傅。费无忌为了显示权威，一次竟教训太子说：“太子不必死读经书，只要学会权术之学，便可治理天下，这方面臣是最精通的，太子为何疏远臣呢？”

伍奢看不过去，怒斥费无忌道：

“身为太子，当学仁德，这才是治国根基，你胡说什么？你对太子无礼，误导太子，你可知罪？”

二人争吵起来，太子当场把费无忌赶走，从此很少召见他。

费无忌对太子怀恨不已，又怕太子将来为君，对己不利，于是对楚平王毁谤太子说：

“自从大王娶秦女以来，太子就迁怒于臣，恨臣坏了他的好事。臣并不担心自己的安危，而是怕太子夺位啊。”

费无忌日夜进谗，楚平王终下决心，要杀死太子。太子闻讯而逃，到宋国避难。

伍奢也被抓了起来，费无忌想置他于死地。费无忌的一位亲信说：

“伍奢很有名望，又有两个博学多才的儿子，杀了伍奢只会让更多人憎恨大人，不如放了他。”

费无忌不但没有同意，而且还想斩草除根，把伍奢的儿子伍尚、伍子胥一同杀死。他唆使楚平王召他们前来，伍尚应召，伍子胥逃往吴国，结果伍奢、伍尚惨遭毒手。

费无忌迫使太子出逃，杀害伍奢父子，楚国百姓都对他恨之入骨。朝中百官亦恨费无忌，他们对平王说：

“大王宠信费无忌，无非是认为他事事顺从大王罢了，可这能算忠心吗？费无忌离间大王的骨肉之情，杀害忠臣，激起民愤，他做的一切都有损大王的威信。为了这样一个小人，大王不怕失去天下吗？”

楚平王昏庸无道，竟说：

“你们不是反对费无忌，而是反对寡人啊！寡人宠信他，自有寡人的道理。你们说得这么难听，无非想吓唬寡人，寡人不会上当。”

费无忌有楚平王撑腰，对百官更加凶狠。他无情地打击他们，且说：

“你们恨我，但我并不害怕。我是不会给你们报复我的机会的。”

百官遭受迫害，人人噤若寒蝉，只是等待时机。

几年后，楚平王去世，楚昭王继位。在举国声讨之下，费无忌即刻垮台，做了刀下之鬼。

原文

陋不论道，暴焉。

译文

浅陋的人不要谈论大道，因为这会显露自己的无知。

释评

人忌讳附庸风雅。不懂装懂、没有真才实学而信口雌黄者只能招惹是非，被人蔑视。真正的学问绝不靠卖弄，也容不得半点虚假。无知且自以为是，犹如盲人骑瞎马，眼前有深渊而不自知。

事典

浅陋的徒单恭

金熙宗时，极力钻营、自我吹嘘的徒单恭当上了太原府尹。

徒单恭雇了一名画师，为他绘制了一幅佛像。不久，徒单恭就召集手下官吏说：

“我几次看见佛祖，和画上的佛像一模一样，这不是大吉之兆吗？”

官吏们没有人相信这是真的，却不敢反驳，只好奉承他说：

“佛祖驾临，此乃大人的福报，大人必有远大前程啊！”

徒单恭不懂佛学，但为了显摆胡诌了一番，官吏们窃笑不止。

徒单恭的心腹担心他日后还会出丑，悄悄告诉他说：

“大人手下的官吏有不少是博学之人，大人说佛论道不要太随意，那些人一旦认为大人所言不妥，难免生出不敬之心。”

徒单恭对心腹说：

“难道我说错了吗？佛由心生，各有己见，我认为佛学不过如此啊。”

徒单恭又利用自己看见佛祖这事，下令所属州县交纳钱财，打算铸造一尊金佛像。徒单恭怕人们不服，四处煽动道：

“佛祖显灵，将会给百姓带来吉祥。铸造金佛像正是为了报答佛祖的大恩，这是一件利国利民的大好事。”

各州县官吏为此向百姓摊派费用，百姓苦不堪言，有的被迫逃往他乡。徒单恭却把强征得来的钱财据为己有，并不铸造金佛像。当地百姓对他恨之入骨。

后来，朝中大臣完颜秉德闻知此事，上书弹劾徒单恭，对熙宗说：

“徒单恭只是一个小小的府尹，却敢妄言佛学，欺骗百姓，捞取钱财。这种胆大妄为之徒最伤朝廷声誉，实在可恨，望陛下重惩。”

徒单恭于是被革职罢官，严词责问。

徒单恭失去官位，仍以“高士”自居。他重金请来文人墨客，喝酒赏舞，不时写些文理不通的诗文，让人点评。徒单恭对家人说：

“我志在东山再起，没有声望是不行的，一旦有了贤人的雅号，还怕不能如愿吗？我绝不是个粗人啊！”

皇统九年（1149），海陵王完颜亮发动政变，杀死熙宗，自立为帝。在举国震惊之时，徒单恭却欣喜若狂。原因无他，只因徒单恭的女儿是海陵王的发妻，她被封为皇后了。

身为国丈，徒单恭马上被重新起用，不久就当上了宰相。

徒单恭学识浅薄，为了显示自己的高明，常常标新立异，对朝廷制度屡做更改，造成极大的混乱。有人据此报知了完颜亮，完颜亮质问徒单恭：

“朝廷制度乃先皇、能人所立，实行已久，怎么能说改就改呢？你对政事并不熟悉，文才更不出众，却极力显摆自己，难道不怕天下人笑话你吗？”

徒单恭毫无悔意，说：

“臣为国分忧，革弊布新，有人反对臣，才会诬陷臣的，陛下不可上当啊！臣是陛下的至亲，无论做什么都是为陛下着想啊！”

完颜亮碍于情面，没有治他的罪，却警告他道：

“改制创新，此乃大事，不可草率，你以后不要自作主张了。”

徒单恭收敛了几天，很快就旧病复发。一次，和群臣议事时，他不顾多数人的反对，公开违背朝廷制度，强制将一事定下，且马上付诸实行。后来，此事引发祸患，完颜亮得知细情，随即痛斥徒单恭道：

“你屡教不改，自作聪明，朕若再放过你，你还会惹出更大的祸患！”

徒单恭哀号求饶，众臣求情，完颜亮这才勉强放过他。

原文

堪亲者非贵，远之不辱也。

译文

可以亲近的不是达官贵人，远离权贵之人能免遭羞辱。

释评

有些人总是渴望结交权贵，想依靠他们改变自己的命运。这个愿望是美好的，但实现的概率并不高，因为这只是他们的一厢情愿而已。在封建社会，尊卑从来是有区别的，一条鸿沟横亘其中，卑微者实难跨越。把希望寄托在别人身上是不智之举，把别人想象得无比善良更是幼稚行为，这是卑微者坚决要摒弃的。

事典

蔡茂的誓言

西汉末年，蔡茂作为河内郡的一位名儒，被征召为博士，后又被朝廷委任为议郎。

议郎官职卑微，俸禄不多，且事务繁重，蔡茂干了不久便心生郁闷。

一位好友对他说：

“你初入官场，许多规矩你并不懂。只要当上了高官，你的烦恼自然全无。”

蔡茂于是把自己的积蓄全部拿出，委托好友为他打通关系。好友保证说：

“我的一位至亲官职很高，有他为你疏通，你的事便不难办了。”

过了几日，好友告诉蔡茂道：

“我的那位至亲生性贪财，也许你送的钱不多，故而他推三阻四，不肯答应。”

蔡茂东挪西借，又凑了一笔钱交与好友。等了很长时间，也没有好消息传来。蔡茂找上门去，好友哭着对他说：

“我的那位至亲实在可恨，他还嫌钱不够，我也不好再向你开口，就和他大吵一架，人怎会一阔就变脸呢？”

为了不让好友为难，蔡茂没再提此事。他暗中发誓不再干这样的勾当，还向家人忏悔说：

“我是个读书人，竟迷上了富贵，投机钻营，这不是很可耻吗？那些高官少有正人君子，我却想巴结他们，以致伤财受辱，这是上天对我的惩罚啊！”

蔡茂决心改过，从此勤于办事，没有任何怨言了。

王莽篡权后，蔡茂称病辞官。他对家人解释说：

“王莽假装仁善，我曾被他蒙蔽。现在他原形毕露，我若留在朝中，便是与狼为伍，只可速离。”

天下大乱后，蔡茂的朋友窦融割据一方，很有势力。为了躲避战乱，蔡茂无奈投奔了窦融。

窦融知道蔡茂的才干不凡，便热情地收留了蔡茂，又请他出任辖下的张掖太守。窦融恳切地说：

“若争天下，必用人才，你就是我倚重的人才啊，你我从前甚是要好，今后我们也不分彼此了。”

蔡茂没有当场应承，他回到府中和家人商议道：

“窦融请我担任张掖太守，态度十分诚恳，我该怎么办？”

家人心情复杂，最后说：

“我们终是寄人篱下，大人仍需慎重。窦融今日诚心相请，谁知明日他又会如何打算？他这样的贵人难以猜测啊。”

蔡茂点头说：

“一旦成为他的下属，恐怕我和他连朋友都做不成了。”

蔡茂于是婉言谢绝了窦融。窦融大为不快，责怪道：

“你我没有尊卑之分，如今我请你帮我，乃是真心实意，你不该有顾虑！”

蔡茂连连致歉，道：

“纵是朋友也有尊卑，我怎敢和你平起平坐呢？我不求什么官职，只求赏口饭吃，还望你不要强迫我。”

蔡茂在窦融处谨守谦卑，在外人面前绝口不提他和窦融的关系。窦融每次给他粮饷，蔡茂总是退回一部分，不肯多要。有人借此对窦融进言说：

"蔡茂和大人保持距离，不肯为大人卖力，大人为什么要容忍他呢？"

窦融苦笑说：

"蔡茂看破世相，识透人心，我无法利用他，但他这样的能人也不可为敌人所用，这就是我容忍他的原因。"

原文

毋失者乃节，恃之必成矣。

译文

不能失去的是气节，依靠它一定会有所成就。

释评

对卑微者来说，生活的压力和处境的窘迫都可能使他们改变立场，屈从妥协。正因如此，坚守气节的卑微者是最可敬的，他们经受住了风雨的考验，不屈不挠，任何难题也不会难倒他们。这样，成功自然会选择他们了。

事典

人品高尚的郑板桥

郑板桥

清代画家，"扬州八怪"之一。康熙朝秀才，雍正十年（1732）举人，乾隆元年（1736）进士。曾任山东范县、潍县知县，有政声。

镜　鉴

人各有志，舍弃荣华，坚持操守，未尝不是件好事。

郑板桥三岁丧母，穷苦的奶妈抚养他成人。郑板桥年少时跟随同乡陆震苦学书画，长大后便以卖画为生。

郑板桥一日和朋友闲谈，说：

“像我这样的穷苦孩子能学画有成，赚钱养家，我很满足了。”

朋友遗憾地说：

“你画是画得不错，可惜你读书不多，终难成大家。再说大丈夫不能只满足于糊口，你应该有更大的志向啊！”

郑板桥感到羞愧，从此开始发奋读书，立志博取功名。

郑板桥十分贫穷，有时连纸笔都买不起。一日，当地富户刘某把郑板桥召到府中，让他画几幅画。

郑板桥很认真地为刘某画画。熬了几个夜晚，画成了，不想刘某并不满意。刘某当着郑板桥的面把画撕毁，又掷出一锭银子，还命令说：

“我撕你的画，钱照样给你，你满意了吧？回去给我好好重画。”

郑板桥当时虽急需钱财，但还是拒绝了刘某的要求，长笑道：

“我虽贫困，但也不会为此折腰，你太小看我了！”

郑板桥拂袖而去，从此专心读书，再不为画画的事和富人周旋。

郑板桥四十三岁时考中了进士，随后担任山东范县知县。

苦熬多年的郑板桥在赴任时对家人说：

“我出身贫苦，如今也只是个知县，所以你们千万不要因为我当上了官而变得傲慢放纵，坏我清誉。”

郑板桥在任上关心民情，每次出外巡视，都是身穿便服，脚踏草鞋，从不骑马坐轿。下属说他没有官威，郑板桥道：

“官威都是糊弄百姓的，其实百姓从来就不怕什么官威。我保持本色，百姓才肯和我说真话啊！”

对待上司，郑板桥一身傲骨，绝不肯弯腰献媚。一次，郑板桥和其他知县到济南议事。在晚宴上，一些高官竟和浓妆艳抹的妓女依偎一处，调情嬉戏。郑板桥心中痛恨，当场写诗讥讽，传于众人，令晚宴不欢而散。

事后，上司多次找郑板桥的麻烦。他每次都冷冷地对上司说：

“我官小职卑，从来就没有把官位放在心上，我不当官一样能活，可坏了人品，教人唾骂，对我来说就生不如死了。”

郑板桥在山东潍县当知县时，仍是傲骨铮铮。他拒绝向上司进贡，随时做好被革职的准备。

郑板桥的一位随从跟随他多年，劝他说：

“你以一人之力和官府上下对抗，除了牺牲自己，还能改变什么呢？只要大人随和一点儿，我们做下官的也就不用提心吊胆了。”

郑板桥说：

“一个人只要想开了，所谓的得失也就不足挂齿。我若阿谀奉承，官做得再大也是失败，你们也会因我蒙羞，那才是真正的耻辱啊！”

这一年潍县发生水灾，郑板桥带头节衣缩食，捐赠官俸，救济灾民。朝廷拨下赈灾银两，上司对郑板桥暗示说：

“百姓受苦，我们为官的也不易啊，赈灾银两不能尽数发给灾民。”

郑板桥明知上司的意思，却故作糊涂道：

“下官也是穷困无着，大人说到下官的心坎了。但赈灾银两本来有限，尽数发放也不足够啊。”

郑板桥没有让上司得到便宜，上司恼恨非常，对心腹说：

“郑板桥软硬不吃，处处和我作对，你们可以告他贪赃枉法，这样我就有理由惩办这个家伙了。”

于是，诬告郑板桥的上书连续不断。上司以此对郑板桥说：

“你不过是个伪君子，我不想听你的辩解了。”

郑板桥索性罢官，来到扬州卖画为生。人们敬佩他的气节，他的名声也更加响亮了。

示缺卷第六

天非尽善，人无尽美。不理之璞，其真乃存。

求人休言吾能。悦上故彰己丑。治下不夺其功。

君子示其短，不示其长。小人用其智，不用其拙。不测之人，高士也。

内不避害，害止于内焉。外不就祸，祸拒于外哉。

本卷精要

· 缺憾是无法避免的，不必过度追求完美。

· 死要面子不智，向人求助切忌趾高气扬。

· 以本来面目出现，缺陷便易于被人容忍。

· 有见识的人是不求独美的。

原文

天非尽善，人无尽美。

译文

上天并不是极其完善的，人没有完美的。

释评

缺憾是无法避免的，这就决定了追求完美不仅不智，而且不会成功。人们在为自己的缺点而忧心忡忡时，不可避免地会极力掩饰，所以便会发生很多弄巧成拙的事。不以不完美为憾，才能流露出真性情，人活得才有滋味。处处追求完美，无异于枷锁缠身，难得自由。

事典

崇祯的求全责备

崇祯帝

朱由检，十六岁于内忧外患中登基，一生勤政，事必躬亲，然为人刚愎多疑，终不能力挽狂澜，国破自缢。

镜　鉴

人非圣贤，对属下求全责备无益于事。

明朝的崇祯皇帝是亡国之君，但他的勤勉却是中国几千年帝王史上罕见的。崇祯鸡鸣而起，夜分不寐，节俭自律，不近女色，宫中从无宴乐之事。

崇祯即位之初，朝廷内外都被宦官魏忠贤及其党羽所控制。十七岁的崇祯不露声色，暗中运筹帷幄，一举铲除了魏忠贤及其阉党，赢得了天下臣民的称颂。

当时明朝已走向末路，乱象横生，兵祸不断。崇祯决心治乱，他对群臣说：

“世之祸变，全在用人不当。朕不会容忍你们骄纵无为，无心国事。朕是有过必罚的。”

朝廷积弊已久，群臣也懒散惯了，对崇祯的话并不放在心上。

一日，崇祯亲自到朝房中巡视，发现有一位大臣没有当值。崇祯大怒，立即命人将那位大臣抓来斩首。有人求情说：

“陛下图治，也不能操之过急，何况此人平日勤勉，实属偶尔犯过。”

崇祯没有听从，又杖责求情之人，恨恨地说：

“你们事事辩驳，难怪朝廷有诸多祸难。朕不想当亡国之君，首先要清除你们这些亡国之臣！”

崇祯二年（1629），天下大旱，崇祯更加忧心，他对群臣说：

“上天降灾，必是你们有过所致，你们还要推脱吗？”

礼部侍郎钱象坤上奏说：

“人总会有缺点，这并不奇怪，陛下不要过于苛责了。陛下当务之急乃是设法救灾，惩治大臣只会让人心浮动，对事情不利。”

崇祯训斥钱象坤一顿，又命群臣自我反省。群臣心中不服，私下议论说：

“皇上苛求于人，揽功推过，他是要求我们都做圣贤啊！朝廷祸患早已存在，我们有什么办法呢？”

崇祯对群臣心存猜疑，谁也无法让他满意，以致极有才干的袁崇焕也得不到必要的信任，最后蒙冤惨遭杀害。

崇祯在位十七年，换了五十个大学士、十四个兵部尚书。对于他频频换人的举措，有大臣曾劝谏说：

“治乱非一日之功，大臣也各有各的缺点，各方面都完美的人并不存在。陛下如果对大臣们要求太高，那么只会导致无人可用了。”

崇祯自大独断，坚持说：

“朕求治心切，岂容庸人久占禄位？现在是多事之秋，非大贤难以救之，朕不敢有所疏漏了。”

群臣惶惶不可终日，都在苦思明哲保身之策。

一日，前方战事紧急，崇祯召集群臣问计。崇祯连问数遍，群臣并无一人作答。崇祯于是大怒道：

“国有危难，刻不容缓，你们就是这样尽忠的吗？”

群臣回答说：

“臣等愚钝，一切还请陛下明示。”

崇祯怒不可遏，只得自行决定。事后，崇祯身边的太监对他说：

“陛下从来都对群臣不满，他们哪里还敢说话呢？陛下若想得群臣相助，还应对他们宽容一些。”

崇祯冷笑道：

“臣子无能，是国之不幸，朕只好自挑重担了。”

崇祯至死都在责备朝中大臣，他说：

“诸臣误朕也！国君死社稷，二百七十七年之天下，一旦弃之，皆为奸臣所误，以至于此！”

原文

不理之璞，其真乃存。

译文

没有加工过的玉石，它的本性才会存在。

释评

迎合世俗并不为过，但因此失去自我便是适得其反，无法让人真正信任。想做到八面玲珑是最累的，也是很难实现的。一个人越想展现自己完美的一面，往往越是事与愿违。任何人都有缺陷，以本来面目处世即可。

事典

不堪重负的胤礽

胤　礽

康熙皇帝嫡长子，一岁半即被册封为皇太子，自幼受康熙帝悉心培养。后于皇储之争中两次被废。雍正二年（1724）十二月病死。

镜　鉴

人无完人，故伪饰求全不如顺势利导。

清康熙时，胤礽被立为太子，从小便受到康熙的精心培育。

康熙教导胤礽说：

“你是朕的太子，江山最终要交到你的手上，你没有才能的话是治理不好国家的。朕对你要求很高，你要努力啊！”

胤礽被安排学习汉文、满文，练骑射，读经史，习书法，从早到晚从无空闲，甚至逢年过节也无休息。胤礽深感其苦，常发怨气说：

“同为皇子，为何我不能和其他皇子一样玩耍呢？当太子毫无乐趣，我宁肯不当这个太子了。”

胤礽的叔外祖父索额图每每听到太子叫苦，都是极力劝说道：

“太子乃未来皇上，哪能轻易说放弃呢？现在虽苦，但将来就能幸福享乐了。太子不可暴露任何缺点，否则便会被人利用，加以攻击，动摇你太子的地位。”

胤礽一举一动都小心翼翼，不敢稍有放纵。他接受着超负荷的训练，精神和身体都承受着巨大的压力。

康熙四十一年（1702），陪同康熙第四次南巡的胤礽因劳累过度，病倒在途中。胤礽上吐下泻，忍受着阵阵剧痛。陪伴胤礽的随从对他说：

“太子身体有疾，应该立刻禀明皇上，调养诊治，太子为何瞒住不报呢？”

胤礽吃力道：

“此事若让人知道，人们肯定会议论我这个太子身体虚弱，说不准还会扯出其他事来。我的形象很重要，我自信还能支撑。”

胤礽苦苦熬着，终在抵达德州的前一天陷入昏迷。康熙命人对他多方调治，二十天后，胤礽才化险为夷。

事后，有人苦劝胤礽道：

“太子有病而不报，险些伤及性命，这样做得不偿失，切不能重蹈覆辙。太子有上天护佑，不必处处难为自己。”

胤礽摇头说：

“父皇对我期望甚高，众皇子又窥伺在侧，我这个太子还敢掉以轻心吗？我不能有半点缺失，再苦也要勉为其难啊。”

有的大臣见太子险些病死，心生怜悯，于是对康熙说：

“太子耐苦耐劳，令人生敬，只是太子恐怕力有不支，还请陛下准其多些歇息，以保贵体。”

康熙虽然疼爱胤礽，但是没有答应大臣所请，说：

“太子重任在肩，只有经受历练，才能有所作为。朕不能因私废公，放松对太子的要求啊！”

胤礽拘于太子的身份，事事循规蹈矩，整日处于高度紧张之中。表面上他大度从容，谦和有礼，私下里他却变得脾气暴躁，心灵极度扭曲。

一次，胤礽因为心情郁闷而鞭打下属。有人马上对他说：

"太子泄怒事小，万一此事传出，别人又会怎样看待太子呢？"

胤礽失态地叫道：

"我也是人，难道就不可以发怒吗？上天对我太不公平了！"

胤礽虽然如履薄冰，事事小心，但一些人并没有停止对他的攻击，他们对康熙说：

"太子表里不一，常体罚下属，这说明太子平日所为全是做给陛下看的。"

康熙渐渐对胤礽不满了，胤礽于是更加心神不宁。

胤礽对手下人说：

"反对我的人总能找到理由，我该如何是好呢？我这个太子当得实在太辛苦，我真是难以忍受了。"

胤礽用心弥补，结果事与愿违，康熙的不满有增无减。最后，胤礽的太子之位还是被废掉了。

原文

求人休言吾能。

译文

求助他人时不要说自己很有才能。

释评

一个人的能力总是有限的，不可能事事都由自己解决，向他人求助并不丢脸。在求助时，死要面子不智，不说真话不合，最忌遮遮掩掩。把自己的难处摆明，真心向他人求助，最能引发别人的同情心，别人也很难拒绝。若向人求助还趾高气扬，不肯示弱，只会人见人憎，讨不到半点好处。

事 典

晋惠公的求饶

晋惠公

姓姬，名夷吾，春秋时晋国国君，晋献公之子，晋文公之弟。早年流亡以自保，后被迎归即位。为人心胸狭隘，背信弃义，当政期间毫无作为。

镜 鉴

力量弱小却欺瞒强者，对强者无礼，这只会自取灭亡。

春秋时期，晋国献公死后，国内发生变乱。晋国大臣里克派人到梁国迎接公子夷吾，准备拥立他为君。

夷吾闻此喜讯，高兴得不能入眠。他对手下的谋士吕省说：

“我本对当上国君并不抱太大的希望，谁知好事偏偏找上我呢？我要马上回到晋国，一刻也等不得。”

吕省阻止夷吾说：

“里克拥立主公也许另有所图，主公实力较弱，不能贸然回国。依我之见，主公应该马上派人到秦国送上厚礼，央求秦国派兵护送。另外，里克也需好言安抚，加以收买。”

夷吾心中一凉，道：

“晋乃大国，我这个未来君主怎能向秦国低头行贿呢？这样，秦国一定会轻视我。里克终是臣子，我更不能取悦于他，否则，我的威严何在？”

吕省规劝说：

“眼下主公没有即位，若不这样做恐怕会失去别人的帮助。为了大业，主公就不要顾及脸面了。”

夷吾于是派人赴秦，和秦约定：若他能回国为君，便把晋国河西的土地送给秦国。夷吾又亲自给里克写信，吹捧他的才能，极力贬低自己。夷吾在信中写道：

“我这个人无德无能，蒙你不弃，才有为君的希望。我当永远记你的大功！我一旦如愿当上国君，一定把汾阳邑封赏于你，作为酬谢。”

秦国和里克都对夷吾的态度与条件表示满意。在二者相助之下，夷吾得偿心愿，当上了晋国国君，为晋惠公。

晋惠公站稳脚跟后，马上翻脸赖账，他对讨要河西之地的秦国使者说：

“土地乃先君的土地，寡人想送给秦国，大臣们却不肯答应，寡人也不能做主了，只能向秦国致歉。”

对于里克，晋惠公也不提封赏之事，还口气强硬地对里克说：

“你为国之大臣，为国效力是分内的事，不要事事索取回报。寡人能有今天的地位，绝不是侥幸所得，谁也不能要挟寡人。”

晋惠公言而无信。吕省认为他是自找麻烦，于是劝谏说：

“主公虽然即位为君，但人心未服，外敌未除，忧患并没有减少。秦国实乃强敌，里克亦是悍将，主公求助他们的地方仍多，怎可轻易得罪他们呢？臣担心主公从此没有宁日了。”

晋惠公道：

“寡人从前所为实属无奈，今日想来犹感丢人。不过现在大事已成，寡人还怕什么呢？”

晋惠公坚决拒绝给秦国土地，又把里克赐死，一时秦国动怒，晋国百姓生恨。

晋惠公六年（前645），秦国发兵讨伐晋国。晋国百姓不愿为惠公卖命，纷纷逃亡。晋军失去斗志，连连败退，晋惠公做了秦国的俘虏。

晋惠公身为阶下囚也毫不示弱，还摆出一副国君的架势。一同被俘的晋国大臣泣泪进谏道：

“主公身陷敌手，性命危在旦夕，主公若逞一时之快，只怕再无回国之日。性命要紧，主公不要顾虑其他了。”

晋惠公冷静之后，顿觉后怕。他不停地向秦国乞求活命，天天以泪洗面。

秦穆公的夫人是晋惠公的姐姐，她为了救弟弟一命，故意穿上孝服，哀哭不止。秦穆公心生怜意，对夫人说：

“晋国无义无信，你不必太伤心了。”

夫人低声说：

“我的弟弟无德无能，死不足惜，主公其实大可不必为他动气。”

秦穆公怒气渐消，不久就放了晋惠公，送他回国。

原文

悦上故彰己丑。

译文

使上司高兴要故意显示自己的丑陋。

释评

封建时代，上下级关系极其复杂，他们互相利用，互不信任，有着许多见不得人的利益关系掺杂其中，绝非外人可以想象得到。很多时候，上司嫉贤妒能，不允许下属的才能超过自己，更难以忍受下属有太高的声望。以他们的私心看，这些都会对他们的地位构成极大的威胁，是必须及时设防的。下属把自己丑陋的一面呈现出来，自损声名，才有可能解除上司的戒心。

事典

不遵常规的袁崇焕

袁崇焕

明末大将，本为进士，晋身翰林。后由文转武，沙场点兵，屡有战功。

镜　鉴

刚直之人在腐朽官场中难有前途。

明熹宗天启二年（1622），时任邵武县知县的袁崇焕进京办事。当时，后金进犯不断，明军屡战不胜。袁崇焕就此对御史侯恂说：

“明乃大国，战之屡败，不在将士不用命，而在朝廷用人有失也。对付金人要不惜代价，如能做到用人无误、寸土必争，何愁打不败金人呢？”

侯恂十分欣赏袁崇焕的才能，于是向朝廷推荐了他。袁崇焕由正七品的知县升为正六品的兵部职方司主事，从此在京为官。

不久，辽东战事更加恶化，金兵连克关外重镇，直逼山海关。

京城人心惶惶，袁崇焕却骑了一匹马，孤身一人出关考察。他回京后主动请战，说：

“我去了辽东，已拟定破敌之策，只要给我兵马粮饷，我定可守住山海关。”

于是袁崇焕被派往宁远驻防。袁崇焕在宁远安抚前线灾民，很有成效。经略王在晋很欣赏他，奏请朝廷任袁崇焕为宁前兵备佥事。

当时朝廷发帑银二十万两准备修缮山海关。王在晋建议城墙从芝麻湾或八里铺修起，而袁崇焕认为这是没有远见的，坚持要修到二百里以外的宁远。二人相持不下，朝廷派孙承宗来主持。袁崇焕得到孙承宗的支持，而王在晋被改任他职，不久辞职。

孙承宗镇守山海关，对袁崇焕颇为看重。当时军中虚报军饷的现象严重，将领几乎无一不贪。袁崇焕为了稳定军心，提高战斗力，决心惩治为首的将领。

一个年老的将领劝袁崇焕罢手，说：

“为首的将领胆大妄为，是因为他后面有靠山，你惩治了他，不是自取祸殃吗？此事不足为怪，你还要为自己考虑。”

袁崇焕坚持己见。年老的将领又说：

“从前其他新官上任，都是自称无能，显露自己的短处。他们不是不想建功，而是不敢有为啊。你如果不遵常规行事，纵有大功也会让人猜疑和不满，那么不如无为。”

袁崇焕叹息说：

“有这样的种种陋规，难怪我军屡败，朝廷如此下去还有希望吗？我顾不了那么多，我所做的一切都是为了挽救朝廷啊！”

袁崇焕杀了那为首的将领，士兵一片欢呼。年老的将领哀声对别人说：

“袁将军无私无畏，只可惜他为自己考虑得太少了，我担心他没有善终啊！”

后来袁崇焕因功晋升为右参政，继续驻守辽东。但支持他的孙承宗于天启五年（1625）十月被罢职，换来了新的辽东经略高第。高第驻守山海关期间，一改孙承宗之前的进攻策略，主张放弃关外，退守关内。袁崇焕对此极为反对，他坚守宁远，最终取得了宁远大捷，而高第却因没有发兵援助宁远而获罪。

不过，腐朽不堪、时日无多的明廷并没有让袁崇焕长久施为的环境。崇祯三年（1630），袁崇焕被生性狭隘苛刻的崇祯帝杀害。

原文

治下不夺其功。

译文

管理下属不能夺取他们的功劳。

释评

贪占下属功劳的上司是没有远见的。他们极力美化自身，损人利己，实际上暴露了自己的虚伪与无情。有能力的上司不一定让人信服，但有缺陷、真心关爱部属的上司一定会深得人心。上司的最大成就是把人心都凝聚起来，有见识的上司是不求独美的。

事典

章邯的倒戈

章　邯

秦末名将，字少荣。为秦朝末年的军事支柱，在镇压义军的行动中屡战屡胜，使秦王朝得以苟延残喘。后被项羽击败而降，封雍王。楚汉战争中，败于刘邦，城破自杀。

镜　鉴

上者不可不明，功过与奖惩不对应，则下必生乱。

秦二世时，赵高做郎中令，掌握着朝廷大权。

赵高为人苟且，十分自私，他为了排斥异己，怂恿二世说：

“李斯等人自以为立有大功，并不把陛下放在眼里，他们迟早要谋反的。天下功劳都是陛下的英明决策之果，岂能让人贪占呢？”

秦二世于是对李斯不满，终在赵高的鼓动下把他杀掉。

赵高当上了丞相，为巩固权力，便加紧任用亲信。秦军赏罚不明，无人愿战，在和义军交战中连连失利，情况十分危急。

章邯是秦国的大将，战功显赫。赵高嫉妒他的功劳，对他没有丝毫奖赏，反向二世报告说：

“章邯从前打了一些胜仗，那都是他听了臣的建议之故。如今他骄傲自负，对臣的意见一概不听，结果无一获胜。陛下不要轻信别人对他的赞赏，还应对此人加以防范。”

二世派人责备章邯，且语气极其严厉。章邯手下的长史司马欣说：

“这一定是赵高诬陷所致，他一向嫉贤妒能，我们纵是有天大的功劳，也会被他窃为己有。皇上被他蒙在鼓里，哪里会知道真相呢？”

章邯气愤至极，却又无处倾诉，悲声对司马欣说：

“我军舍命厮杀，不知死了多少人，到头来却是赵高一人得利，我们拼命不值啊！”

司马欣泣泪道：

“这种情况如不改变，将军就会有性命危险了，请允许我面见赵高，替将军疏通。”

司马欣来到都城咸阳。赵高听到通报，不禁阴冷一笑说：

“章邯非我同党，一定要除，他求我也没用！”

赵高拒见司马欣，一连三天都不露面。司马欣心中焦急，四处托人。知道内情的人便告诉他说：

“章邯平日不结交丞相，丞相不喜欢他，现在疏通为时已晚。从前章邯有功自揽，丞相早就有气，时下他连打败仗，丞相更不会接受他了。”

司马欣拿出重金，请人转呈赵高，不想无人敢受。他们说：

“形势危急，一点儿钱财有什么用呢？丞相为掩过失，定会找几个替罪羊出来，章邯是逃不掉了。”

司马欣惊慌地离开咸阳，向章邯报告说：

“看来赵高定要惩处将军，将军应早做准备。”

章邯问明情由，仍有幻想，他说：

“我想上书皇上，诉说冤屈，这样可以吧？”

司马欣道：

“朝廷上下全被赵高一人控制，将军一旦上书，必为赵高截获，这样更对将军不利了。”

章邯一时无计，愁苦万端。

当时，章邯的军队驻扎在棘原，项羽的军队驻扎在漳河的南面。两军交战，项羽大获全胜。

司马欣提议投降项羽，他分析说：

“项羽勇不可当，我军并没有战胜的把握。何况即使我军取胜，赵高也会据为己功。我担心赵高很快就会对将军下手，不如将军现在倒戈，保全性命。”

赵将陈馀派人送来信件，也劝章邯反叛朝廷，信中说：

“秦国朝廷不分忠奸，残暴无道，所以天下人才会背弃它。过去白起有那么大的功劳，尚免不了被赐死，何况是将军你呢？赵高专权乱政，而祸国的责任一定会推在你的身上，这是他小人的本性啊！”

章邯看信流泪，哽咽说：

“我已被赵高压制很久了，之前之所以不敢决断，是因为我对皇上犹有信心。今日看信上所言，我才猛然醒悟，皇上也是不恤臣下的，我太愚昧了。”

章邯派人向项羽求降。项羽将信将疑，项羽的谋士范增说：

“秦国将相不和，互相争功，秦国一定会灭亡的。章邯不为赵高所喜，害怕被赵高加害，我相信他投奔主公是真心的，主公不必生疑。”

项羽于是接受了章邯的投降，实力从此更强大了。

原文

君子示其短，不示其长。

译文

君子显现他的短处，不显现他的长处。

释评

世上的君子之所以稀少，只因世俗而又肤浅的人太多了。人们多是极力表现自己的长处，因为这会给别人留下好的印象，为自己加分。而在君子看来，讨好和迎合别人是虚伪的，显现短处才能活得真实自在，更有助于提高自己的修养。他们不怕出丑，无掩盖短处的种种疲惫。他们抛掉了最沉重的包袱，“上阵征战”更易得胜。

事典

荐贤的魏成子

战国时期，魏国国君魏文侯尊敬贤人，广行仁义，魏国上下团结，受各诸侯国敬畏。

魏国大臣魏成子很有声望。魏文侯让他推荐贤人，魏成子马上举荐子夏、田子方、段干木三人，且说：

“子夏是孔子的弟子，博学多识，大王如有疑难，尽可向他请教。”

魏文侯惊讶道：

“你的才学令寡人敬佩，难道还有比你更有见识的人吗？”

魏成子自惭说：

“臣无法和子夏相比，大王只要见了子夏，便会察觉出臣的浅薄了。”

说到田子方，魏成子道：

“田子方胸怀开阔，仁爱天下，而臣喜怒不定，不免偏私。田子方是臣最仰慕的人，大王一定要重用他。”

魏文侯听之感叹，说：

“你把田子方说得这么好，就不怕把自己比下去吗？”

魏成子回答道：

“治国非同等闲，臣不敢因私误国，只好实话实说了。”

段干木是子夏的弟子，深通谋略。魏成子评价他说：

“从前臣以智自负，但见了段干木，方知臣实乃井底之蛙。段干木若得重用，当是大王之幸。”

魏文侯越听越奇，啧啧赞叹道：

“你竟对三人如此嘉许，他们必是不凡之人，寡人定当重用。”

于是，魏文侯拜子夏、田子方、段干木三人为师，时常向他们请教。

大臣李克对魏成子的荐举感到不解，对魏成子说：

“一个人的声望是很难建立的，你不该为了荐贤而自毁声望啊。子夏等人来到朝中，不就显出你的诸多短处了吗？”

魏成子道：

“国有贤才才能兴旺，我个人的声望微不足道。如果因为我而埋没了人才，我岂不是魏国的罪人？”

李克感慨万端，对魏成子有了更多的认识。

一日，魏文侯召见李克，问他说：

“寡人想在魏成子和翟璜二人之中选相，你觉得谁更能胜任呢？”

李克推辞道：

“选相实为大事，臣不敢妄言，请大王自己决断。”

魏文侯一再让李克表态，李克于是委婉地说：

“判断一个人，要看他平常时亲近什么人，富有时交结什么人，升官后荐举什么人，困窘时不干什么事，贫困时不贪求什么东西，凭这五点就足矣了。”

魏文侯连连点头道：

“你说得不错，寡人已经选定了。”

李克前去拜访翟璜。翟璜问起选相之事，李克说：

“我想大王一定会选魏成子为相，你就不要奢求了。”

翟璜不服，大声道：

“我哪一点比不上魏成子呢？治理邺邑有功的西门豹是我推荐的。攻打中山国，我举荐了乐羊。让你留守中山国，是我的主意。大王的儿子没有老师，我推举了屈侯鲋。这都是我的功劳啊！”

李克一笑说：

“你举荐的都是不如你的人，包括我自己。何况你又有私心，想以此拉帮结派，巩固地位。而一国之相是不允许谋私的，所以你并不适合为相。魏成子推荐的人，大王以师礼待之；你荐举的人，大王却以臣下对待。仅凭这点，你就比不上魏成子啊！”

翟璜思虑多时，诚心叹服。不久，魏文侯果然任命魏成子为相。

原文

小人用其智，不用其拙。

译文

小人使用他的聪慧，不显露他的笨拙。

释评

小人玩弄权谋，钩心斗角，目的只有一个，那就是打败对手，使自己立于不败之地。凡是小人，都不敢正视自己的笨拙，更不敢显露自己的缺点。他们怕因此坏了自己的好事，占不了先机，但这恰恰反映出他们的心虚和软弱的实质。

事典

温体仁的机关算尽

温体仁

明万历年间进士。崇祯三年（1630）入阁辅政，后凭阴谋得权，成为首辅。温体仁辅政八年，专事排斥异己，而于国毫无贡献，终因结党营私之事败露被罢官。

镜　鉴

机关算尽也终有败露之时，工于心计反招致灾祸。

明崇祯时，温体仁在任首辅期间，故意做出宽和的样子来掩饰他的小人嘴脸。

大臣文震孟因为讲解《春秋》深得崇祯欢心，于是被召入阁。温体仁在朝廷上极力拥护崇祯的决定，私下却对心腹说：

“文震孟刚直敢言，他入阁必对我不利，我要设法驱之。”

他的心腹说：

“皇上器重大人，大人如果向皇上提出异议，那么就不用多费心机了，大人为何不阻止呢？”

温体仁卖弄道：

“你这话足见你的短视。皇上任用大臣，有皇上的见解，我若立刻反对，岂不是惹皇上不快？皇上一旦看出我没有容人之气量，我的地位便会动摇，我怎会干这样的傻事呢？”

他的心腹不住点头，恭维说：

“大人智慧过人，下官今日深受教益，不知大人有何安排？”

温体仁眯眼苦思，然后道：

“文震孟性情耿直，日后必有直言进谏之举，只要我们紧盯住他不放，还怕抓不到他的错处吗？”

文震孟于是被温体仁一伙日夜监视。不久，温体仁以文震孟结党犯上为由，把文震孟赶出了朝廷。

温体仁不干正事，天天设计整治不屈服于他的正义之士。他的党羽张至发对他说：

“大人和许多人结怨，政事上又无大的功绩，下官担心皇上会怪罪大人。”

温体仁长笑说：

“功绩再多又有何用？如果朝中没有敌手，谁还会指责我呢？皇上不知详情，又凭什么怪罪我？”

礼部侍郎陈子壮当面指责温体仁玩弄阴谋，温体仁却笑脸相对，在众臣面前说：

“陈子壮所说虽然不实，但他不畏上级的勇气还是值得称赞的。正所谓有则改之，无则加勉，我不会责怪他。”

暗地里，温体仁却向崇祯大肆诬陷陈子壮，进谗说：

“陈子壮常对陛下决定的事妄加议论，以显示他的高明，这是大不敬之罪。此人恃此已有了一些名声，望陛下对他多加警戒，消除恶劣影响。”

崇祯最恨不敬他之人，随即把陈子壮削官下狱。

温体仁自知罪恶不轻，所以行事特别小心谨慎。他怕别人抓住自己的把柄，便忍痛拒受贿赂。他的家人为此说：

“只要你不整治别人，以公心待人，就不用担心别人会对你不利了。否则，纵使你机关算尽，也难保无失啊。”

温体仁喃喃道：

“我的宰相之位全凭算计得来，若凭其他本事，哪里会轮到我呢？”

温体仁不得人心，弹劾他的奏章不计其数。一次，崇祯问他说：

“许多人弹劾你，而且说得有板有眼，你有何解释？”

温体仁做出委屈状，哭着说：

“臣心中只有陛下，平日也不会交结百官，满足他们的私欲，想必是他们因此恨我，不过臣并不在意这些。”

崇祯看他可怜之态，竟信以为真，同情道：

“自古忠臣难为，你为国事而得罪他人，朕是站在你这一边的。”

温体仁欺骗崇祯多年，一日终于露出了破绽。当时，温体仁指使党羽张汉儒揭发他的仇人钱谦益的不法之事，钱谦益向司礼太监曹化淳求救。张汉儒侦知此情，告之温体仁，温体仁又请求崇祯给曹化淳定罪。曹化淳为了免祸，亲自控告温体仁的种种罪状；张汉儒在严刑之下，也招出了温体仁的阴谋。崇祯既明真相，立即下旨处死了张汉儒，罢免了温体仁的官职，逐其还乡。温体仁惊惧交加，不久遂亡。

原文

不测之人，高士也。

译文

深不可测的人，才是真正的高人。

释评

人都有缺点，问题是能否摆脱它的影响，不为其所左右。高人名士并不是最少缺点的人，而是把缺点看得最淡的人。淡然面对自身的优缺点，令外人无法据此探知自己的实力，这是安身立命的最高境界。

事典

“无能”的孔子

孔　子

字仲尼，春秋时期鲁国人。儒家学派创始人，曾任鲁国司寇，后周游列国，不得志，于是专心执教，很多弟子成为各国高官。其生前语录被后世弟子整理成集，是为《论语》。

镜　鉴

正视自己的优缺点并坦然处之，那么人的天地就变宽广了。

春秋末期，孔子周游列国，到处宣传自己的主张。

在卫国，有一天卫灵公向孔子问起行军列阵的事，他说：

“先生乃是大贤之人，应无所不知，请告诉寡人如何领军作战。”

孔子说：

“指挥军队打仗不是我擅长的，礼仪的事我倒懂一些。”

卫灵公十分失望，对卫国的大臣说：

“人说孔子圣贤，学识渊博，看来他是徒有虚名啊！”

一位大臣说：

“孔子主张仁爱，反对战争。主公不向他请教礼仪之道，却问询杀伐之事，他定是心有反感，才不肯相告。以孔子的才能，他岂能一窍不通呢？”

第二天，卫灵公再次召见孔子，诚心对孔子说：

“先生大德，一定要教我征伐之道。”

孔子问卫灵公：

“卫国遭到侵犯了吗？”

卫灵公说：

“没有。”

孔子又问：

“卫国想侵犯他国吗？”

卫灵公道：

“不想。”

孔子于是叹道：

“兵凶战危，不得已方行之，不可轻言。依我之见，卫国之急不在征伐，而在礼仪有失。礼仪完备，征则胜。”

卫灵公不解其意，仍认为孔子无能。他对群臣说：

“孔子只会讲大道理，而实无一策，他哪里算得上贤人呢？”

卫灵公复述了孔子的话。有人上奏卫灵公道：

“主公错怪孔子了。孔子之言，虽未及军事，但已指明军事要害，实乃高论。由此看来，孔子高深莫测，我们不可轻易否定他啊。”

孔子不得卫灵公重用，于是离开卫国。孔子对自己的学生说：

“卫灵公怪我不和他谈论军事，认为我无能，这样的君主不是我所敬佩的。”

学生冉求道：

“卫灵公既然无知，先生又何必称自己不懂行军打仗呢？卫灵公轻视先生，都是因为先生出言不慎。”

孔子笑道：

“我对行军打仗确实生疏，但我并不在乎这个缺点。我知道不少礼仪之事，不过也不值得为之骄傲。一个人不在自己的优缺点上做文章，那他的天地就变宽广了。”

孔子在楚国的叶邑停留时，叶公请教孔子治国之道，他愁苦地说：

“我千方百计想革除弊端，无奈除之不尽，这是为什么呢？”

孔子说：

“利与弊共生共灭，有利必有弊，只要利大于弊便可，任何事都不能走极端。”

叶公深受启发，对孔子极为敬重，感叹说：

“贤人能让你瞬间领悟很多，他讲的道理终身受益。孔子就是这样的贤人！”

原文

内不避害，害止于内焉。

译文

对内不回避害处，害处便会在内部得到解决了。

释评

一个团队只有内部团结一心，才会具有战斗力。要做到这一点，必须禁绝虚伪的一团和气、回避问题。把问题指出来，让害处曝光，有利于及时消除隐患，否则只能助长祸患的滋生，以致无可救药。掩盖“家丑”是愚蠢的，使危机在内部消化才不至于蔓延成灾。因此，发现问题时不能顾及情面、心慈手软，也不能得过且过、犹豫拖延。

事典

汉文帝的庇护

汉文帝

刘恒，刘邦第四子。在位期间，行休养生息之政策，使国力逐渐复苏。后来景帝继承了这一治国传统，文帝、景帝在位的四十多年间，政治稳定，经济显著发展，史称“文景之治”。

镜　鉴

不可放纵小过，否则将酿成大祸。

刘长是汉高祖刘邦的少子。高祖十一年（前196），刘邦立刘长为淮南王。

汉文帝继位后，刘长自恃与文帝是关系亲密的兄弟，骄纵犯法，无人敢管。

有的大臣为此对文帝说：

“陛下和淮南王既为兄弟，更不该不加约束，任其犯罪。陛下对淮南王的放纵不仅不是关爱，反而会害了他，更会危及朝廷，有损陛下的权威。”

文帝自知大臣所说无错，但仍不肯惩治刘长，狡辩说：

“刘长乃赵美人所生，他一出世赵美人便死了，他的遭遇实在不幸啊！也许是这个缘故，刘长性格有些偏激。他是朕的兄弟，只要不犯叛国之罪，朕不忍心降罪于他。”

刘长得到文帝的庇护，更加嚣张蛮横。他欺压百官，肆意纳贿，甚至对文帝不行臣礼，出言不逊。

一次，刘长随文帝游猎，二人同坐一车，刘长竟呼文帝为“大兄”，全无君臣礼数。一位大臣当场斥责刘长说：

"陛下乃是天下至尊，你为臣子，何敢如此轻狂？"

刘长勃然大怒，亲手打了那位大臣几个耳光，还对文帝说：

"此人无理，臣代陛下教训他。"

文帝心中生气，但还是忍了下来，没有责怪刘长。

回到宫中，将军薄昭见文帝不快，于是进谏道：

"刘长日渐放肆，人人敢怒而不敢言，陛下打算怎样处治他呢？"

文帝长叹说：

"朕不是不想惩治他，只是怕家丑传扬，天下会笑话朕啊！"

薄昭见文帝态度有了松动，于是大胆地说：

"刘长无法无天，早晚要闹出大祸。陛下既已看出苗头，就不要护短了。刘长一旦不可制约，到时陛下悔之晚矣。"

文帝犹豫不定，难下决断。这时，依附于刘长的大臣便为刘长开脱说：

"淮南王和陛下亲密无间，淮南王才是最可信赖的。有些人抓住淮南王的错处不放，是因为他们嫉妒淮南王，陛下岂可信之？"

文帝左思右想，终是不忍，对薄昭说：

"天子当有天子的胸怀，朕不想追究淮南王的过失。你可寄书规劝他，提醒他检点一些。"

薄昭于是修书一封规劝淮南王，他在信中说：

"王爷乃皇上至亲，为人处世当守法自律，这不仅是为自己着想，也是为了维护皇上的颜面啊。皇上碍于亲情，屡屡迁就王爷，难道王爷就无自省之心吗？这件事瞒不了天下人，一旦王爷引发众怒，想必皇上也无法庇护，王爷一点儿畏惧之心也没有吗？"

刘长读罢薄昭书信，心中不快，愤愤地对手下人说：

"天下乃我刘氏之天下，薄昭凭什么指责我呢？他以皇上名义压我，分明是借此立威，我为什么要信他的话呢？"

淮南王的心腹柴奇说：

“薄昭敢对王爷不敬，一定是皇上在背后撑腰，王爷不可等闲视之啊！”

刘长暗恨文帝无情，竟想谋反夺位。他派人出使闽越和匈奴，联络反汉之事。

但刘长的阴谋没有得逞，文帝察觉后，便展开行动，把刘长和他的同党一网打尽。

文帝斩杀了刘长的同党，却没有处死刘长。他说：

“刘长谋反，都怪朕从前太纵容他了，以致他胆子越来越大，终惹下这滔天大祸。现在刘长已不足为害，杀了他只会让朕背上杀弟的恶名。”

刘长被流放到蜀地。在流放途中，刘长悔恨难当，对侍从说：

“我得寸进尺，不识好歹，倘若我早一天检讨己过，听人规劝，又怎会落得这样的下场呢？”

刘长哀伤不尽，绝食而死。

原文

外不就祸，祸拒于外哉。

译文

对外不接近祸乱，祸乱就会被阻挡在外面了。

释评

耀武扬威是惹祸的根苗。有些人一旦有了一点儿实力，便迫不及待地炫耀自己的力量，轻易扎进矛盾的旋涡，结果引祸上门。任何时候，锋芒都不能随意显露，而老成持重却可静观其变，不入险地。居安思危，把自己的姿态压低一点儿，不仅有助于成事，更可减少失败。

事典

赵鞅的三问

赵 鞅

史称赵简子。春秋末期晋国六卿之一，战国七雄之一赵国的奠基人。

镜 鉴

力量不够时，与己无关的争执就不要参与。

春秋时期，楚国向北扩张，打败了蛮氏，蛮族首领蛮子赤落荒而逃，躲到晋国的阴地避难。

驻守阴地的晋国大夫士蔑收留了蛮子赤，把他当作贵宾，天天设宴招待。有人不解地对士蔑说：

“蛮子赤已是败军之将，大人为何如此看重他呢？”

士蔑回答说：

“楚国和晋国争霸，蛮氏抗拒楚国，对我们有利，我们不能坐视蛮氏被楚国消灭。我们在蛮氏落难时帮助他们，他们一定会感激我们，在我们有需要时便会任我们驱使。”

楚国的司马起派使者向士蔑要人，使者威胁说：

“晋楚两国曾有约定，共同对敌。现在贵国收留楚国的敌人蛮子赤，分明是违约了。如果贵国不交出蛮子赤，那么楚国不惜一战。”

士蔑见来者咄咄逼人，立时感觉受了侮辱，厉声说：

“蛮氏一向和晋国交好，如今他有难来投靠，我们不能出卖他。尽管你们以战相逼，但晋国并不怕楚国的兵马。”

楚国使者回报司马起，不想司马起闻之大笑道：

“晋国死保蛮子赤，这是他们的失策，我们有攻打晋国的理由了。”

司马起的下属说：

“晋国号称有兵车四千乘，怎可贸然攻之呢？”

司马起道：

“你说的只是晋国的外表罢了。据我所知，如今晋国大夫之间争斗不止，国君和大夫也矛盾重重，晋国的力量已严重削弱。楚国为了争霸天下，必须打败晋国，而此时正是最好时机。”

楚军加紧备战，士蔑得知消息后，不禁惊慌，对手下人说：

“我原想楚国只是虚张声势，不料他们很快便要进攻，我该如何迎敌呢？”

手下人说：

“我们兵少将寡，势难战胜楚军，不如交出蛮子赤，免除战祸。”

士蔑为难道：

“出卖朋友是不义的，晋为大国，这样做更会让天下人耻笑啊！”

手下人说：

“为了一个蛮子赤而惹来战祸，不是更会让人说我们不智吗？”

士蔑拿不定主意，只好去请教名士赵鞅，求他相助。

待士蔑说完事情的经过。赵鞅紧张得脸色大变，问士蔑：

“蛮氏重要还是晋国重要呢？”

士蔑说道：

“自然是晋国重要了。”

赵鞅再问：

“楚国与蛮氏作战和晋国有关吗？”

士蔑摇头。

赵鞅三问：

“我们可以打败楚国吗？”

士蔑不言不语，只是呆坐。

赵鞅提高声调，急切道：

“晋国现在内部不安宁，实力大减，自保已是勉强，又怎敢对外招惹是非呢？楚国对晋虎视眈眈，唯恐找不到进犯的借口，你收留蛮子赤，正是授人以柄啊。你现在赶快向楚国赔罪，交出蛮子赤。如果楚国蛮横，你也要低头赔笑，绝不可顶撞。”

士蔑把蛮子赤捆绑起来，交给了楚国。司马起百般责怪士蔑，士蔑都不出一言相抗。楚国没有了发兵的理由，极不情愿地放过了晋国。

忍辱卷 第七

至辱非辱，乃自害也。至忍非忍，乃自谅也。

君子不怨小人，怨天也。小人不畏君子，畏罚也。

君子小人，辱之可鉴焉。强而无仁，天辱之。弱而不振，人辱之。

辱不灭人，灭于纵怒。大辱加于智者，寡焉。大难止于忍者，息焉。

本卷精要

- 小人不怕君子，而怕惩罚。
- 弱者更当自强。
- 羞辱虽伤人，愤怒却致命。
- 大智者常忍大辱，忍大辱者则有大成。

原文

至辱非辱，乃自害也。

译文

最大的耻辱不是受人羞辱，而是自我伤害。

释评

世俗社会的不公只要存在一天，人们便难免受到各种羞辱，所以受伤害者不应为此过于悲伤。个人的力量不能操控社会，却可以掌握自己的人生。受人羞辱固然痛苦，但悲观厌世，不爱惜自己，人的尊严便荡然无存了，这才是更悲哀的事。

事典

彻底绝望的申生

申　生

晋献公之嫡长子，本为太子，因晋献公宠信骊姬，欲立其子奚齐为嗣，遂遭陷害，被迫自杀。

镜　鉴

明知祸事将至而不采取积极行动，牺牲的只能是自己。

春秋时期，晋献公宠幸骊姬，偏爱骊姬所生的儿子奚齐，于是打算废掉太子申生，改立奚齐。一日，献公对申生说：

“曲沃是先祖的宗庙所在地，寡人想派你去镇守，你愿意吗？”

申生心中不愿意，但碍于父命，只得点头答应了。

申生迟迟不动身赶往曲沃。他的手下催促道：

“太子不去赴任，就是对国君不满，国君一旦降罪，太子会更难堪啊。”

申生怨声说：

“我身为太子，岂有镇守边关之理？这是在贬斥我啊！”

手下说：

“君命难违，太子不得不往。此等时刻，太子当忍受屈辱，咬牙挺住。倘若太子公开和国君对抗，结果更对太子不利。”

申生于是赶赴曲沃，久驻于此。

献公十六年（前661），献公把晋国的军队分为两军，献公统率上军，太子申生统率下军。不久，献公又为太子修缮曲沃城墙。

申生以为自己又得到了信任，高兴地对手下说：

“君父授我兵权，修我城墙，看来君父并没有厌弃我啊。我从前总是担心太子之位不稳，现在可以安心了。”

大夫士蒍一脸苦相，对申生说：

“太子错了，国君更加离弃你了。国君给你统率下军的卿的爵位，是人臣的最高位置，但并不是太子应该占有的。国君修缮城墙，乃是让你常驻。以此看来，国君一定会改立太子，太子应该赶紧逃走，免遭灾祸。”

申生放声痛哭，士蒍劝解道：

“所谓树大招风，太子遭受打击不可避免。现在太子最重要的是不失去信心，这样或有转机。”

第二年，献公派太子申生去讨伐东山狄族。大夫里克认为不妥，对献公说：

“太子没有打仗的经验，而且按照古来的制度，太子只可留守监国，国君的任命不当。”

献公不耐烦道：

“寡人有几个儿子，谁都可以做太子，不一定就是申生啊。”

申生接到命令，自感君父处处难为他，又流下了眼泪。

骊姬为了让奚齐当上太子，也在暗地里陷害申生，申生的处境越来越艰难凶险了。

大夫士葛又一次劝申生逃走，说：

“太子屡受打击，是因为有人要谋夺太子之位。太子避祸而走，天下人不会耻笑太子，只会怨恨打击太子的人，太子不要迟疑了。”

申生仍是不从，恨恨地说：

“我若逃走，岂不遂了害我之人的心愿？我一定要和他们斗下去！”

献公二十一年（前656），骊姬派人在申生送来的祭肉里下毒，然后诬陷申生谋害献公。献公大怒，杀掉了太子的师傅，又派人追杀申生。

面对突来的大祸，申生一下绝望了，哭着说：

“我这些年忍气吞声，不想事情越闹越大，看来是上天抛弃我了。我恨自己无能，是我的命不好啊！”

手下人说：

“太子没做亏心事，不该自责。下毒药的是骊姬，太子应该揭穿她，怎么能自认倒霉、全然放弃了呢？”

申生摇头道：

“我的父亲老了，他已经对我不满很久了，我的辩白一无所用。”

有人劝他逃往他国，申生也拒绝了。他灰心丧气地说：

“我现在背着杀父弑君的恶名，谁还会可怜我呢？”

申生自杀而死，骊姬的奸计得逞了。

原文

至忍非忍，乃自谅也。

译文

最大的忍让不是容忍他人，而是原谅自己。

释评

许多人的堕落是从自轻自贱开始的。他们不能原谅自己的卑微无能，把自己看得一无是处，结果把自己打入了深渊。拔高自己有害，看贬自己也同样。不是每个人都能成为圣贤，做快乐的普通人也是好的选择。

事典

夏侯婴的满足

夏侯婴

西汉开国功臣，官至太仆。沛县人，早年追随刘邦义军，后一直随刘邦到处征战。刘邦死后，继续侍奉孝惠帝和吕后。荡平诸吕以后，迎立刘恒。去世后，谥号文。

镜　鉴

知足者常乐，做自己能胜任的事，比身居高位更容易快乐。

夏侯婴早年是个车夫，和泗水亭长刘邦结为了好友。

一次，他们出外游玩时，刘邦不小心把他碰伤。此事被人告发，刘邦顿时惊恐不已，对夏侯婴说：

“按照法律，官吏伤人当判重罪，你要设法救我。”

夏侯婴为了帮刘邦免除罪责，准备去官府说是自伤的。他的一位朋友说：

“欺骗官府也是一条大罪，你要为此吃很多苦头的。”

夏侯婴道：

“我若不去，刘邦必受惩治，只有这个方法才可以救他。”

后来，案子被推翻，夏侯婴因为做伪证而被关在狱中审查，挨了几百鞭，一年多之后才被放出。刘邦感激不已，致谢说：

“我误伤了你，你不仅不怪我，还为我受牢狱之苦，他日我一定要厚报你。”

夏侯婴笑道：

“如果你因我而受罚，那么最难过的当是我了，你千万不要谢我。”

刘邦聚众起事，夏侯婴被任命为太仆，主管刘邦的车马。有人替夏侯婴感到委屈，对他说：

“你有恩于沛公，可他不思报答，只让你管理车马，你不该接受啊。”

夏侯婴嬉笑道：

“我干不了什么大事，还是做车夫好。”

夏侯婴驱车随刘邦四处征战，立了许多战功。刘邦几次想提拔他的官职，夏侯婴总是拒绝说：

“我知道自己的才能低下，不适合做高官，你还是让我做个车夫吧。”

刘邦被封为汉王时，夏侯婴被封昭平侯，刘邦对他说：

“你既为侯爵，实不能再为我驾车了，这不合体统啊。”

夏侯婴恭敬地回答道：

“追随大王是我的荣幸，我并没有想太多。我认为太仆一职也是十分重要的，这个职位并没有委屈我。”

刘邦感动说：

“其他人唯恐争不到官位，以官小为耻，哪有像你这样的胸怀呢？你无怨无悔地为我尽力，其他人应该因此感到羞愧。”

刘邦和项羽征战，一次汉军大败，刘邦乘车而逃。途中，遇见刘邦的儿子和女儿，夏侯婴令车停下，把二人抱到车上。楚军在后紧追不放，刘邦的车子人多超重，速度很慢。刘邦担心被俘，几次把儿女推到车下。夏侯婴不顾刘邦的呵斥，屡屡跳下车来解救刘邦的儿女。刘邦想要杀死他，夏侯婴镇定地说：

“大王为了逃命而不顾儿女的生死，这是不对的。我救助他们并不是想邀功请赏，你怪我什么呢？”

事后，刘邦感谢夏侯婴，并道歉道：

“当时情势危急，是我无理了。你冒死救我的儿女，这是奇功一件，你有什么要求尽管提出来，我一定会满足你。”

夏侯婴一无所请，仍是安居太仆之职，直至去世。

原文

君子不怨小人，怨天也。

译文

君子不怨恨小人，怨恨上天的不公。

释评

君子难为。如果社会大环境对小人有利，不容君子，那最应该谴责的自然是滋生小人的土壤了。君子正是因为看破了这一点，所以他们针对的并不是具体的某个小人，而是扭曲了的社会。

事典

泰然自若的张伯行

清朝康熙时，任山东济宁道的张伯行进京朝见康熙帝。

负责引见的选司陈某为了捞取“引见礼”，当面“提醒”张伯行说：

“皇上日理万机，朝见他的人又很多，如果没有特殊安排，你需要等待很久。”

张伯行明白他的用意，却笑着说：

“我并不着急，耐心等待好了。”

几天后，陈某见张伯行不去求他，于是又派人面见张伯行，把话挑明说：

“你在京城多住一日，花费也增加不少，不如让我家大人得些好处，你也可早见皇上，我们都不吃亏。”

张伯行笑说：

“我是个清官，纵有钱财也不会用来送礼行贿，你家大人找错人了。皇上早晚都能见到，你家大人能难为我多久？”

陈某见张伯行软硬不吃，十分恼怒。他迟迟不予引见，竟使张伯行在京城滞留了两个月之久。

后来，康熙帝得知张伯行来到京城，立即下旨召见他。张伯行的随从说：

“大人受人侮辱，此仇不可不报！大人见到皇上，一定要弹劾他。”

但张伯行面见康熙帝时，绝口不提陈某刁难之事，只建议说：

“陛下再召臣入京，可下旨传召，这样臣就可以很快见到陛下了。”

康熙帝问道：

“这么说，你此次前来，有人阻难你了？”

张伯行回答说：

“臣没有陛下的圣旨，接受审查自是难免。审查的官员也是为了履行职责，臣不会埋怨他们。”

张伯行的随从得知他没有控告陈某，十分不解。张伯行解释说：

“我身为地方官，一旦控告陈某，势必得罪陈某和他的同僚。他们互为同党，若指责我诬陷的话，我哪里说得清呢？”

张伯行担任江苏按察使时，扬州有六名秀才赏花吟诗，写了些讽刺昏庸官吏的诗句。扬州知府认为秀才讽刺了他，命人将秀才告到了巡抚处。扬州知府对巡抚说：

“秀才作诗讽刺朝廷命官，是我们做官者的耻辱！如果任其谩骂，那么我们还有何威信呢？”

巡抚一听便气，决定革去六名秀才的功名，予以警诫。

张伯行听说这件事后，立即面见巡抚，直言说：

“不管六名秀才的讽刺之事是否为真，大人都不可草率决断啊。”

巡抚不满道：

“秀才出口不逊，侮辱官吏，难道还有放过他们的道理？”

张伯行说：

“扬州知府为政严苛，徇私枉法，他的名声一直不佳。如今大人应告诫的是扬州知府，这样才能平息民怨。秀才如果说的是实情，他们便是无罪，大人一旦惩罚了他们，百姓便会认为大人与扬州知府同流合污，这样岂不是让大人也沾上污点？”

张伯行说到了巡抚的痛处，终使他放过了六名秀才。

张伯行的下属见张伯行为秀才极力辩解，问他：

“大人和秀才非亲非故，为什么替他们开脱呢？”

张伯行内疚道：

“扬州知府为官不仁，我身为按察使却不能惩办他，我愧对百姓啊。现在朝中上下官官相护，积弊甚多，我无力整肃，难道还忍见秀才们遭难吗？我能做的也只有这些了。”

张伯行一生清廉耿直，和贪官污吏势同水火，为此他屡受屈辱，却总是坦然面对。

康熙五十年（1712），他弹劾两江总督噶礼，却被反咬一口，最后和噶礼一起被解职。百姓为他鸣冤叫屈，失声痛哭。张伯行却平静地说：

“从我立志成为君子的那一天起，我就准备好承受屈辱了，这是君子必过的关口啊。”

原文

小人不畏君子，畏罚也。

译文

小人不害怕君子，害怕受惩罚。

释评

小人只想占便宜，吃不得一点儿小亏，一受刺激便要发作。在君子的礼让谦和面前，小人不会为此感动、改过。要让他们畏惧，只能靠法律的惩罚。小人不敬他人，却幻想受他人尊敬，这是小人的最可笑之处。

事典

李兑的识人察微

战国时期，赵国武灵王晚年传位给公子赵何。赵何当了君主，这就是惠文王。武灵王自称主父，仍然管理国家大事。

公子赵章是赵何的兄长，对父王立赵何为君十分不满，对赵何更是恨之入骨。他对心腹说：

“我不得君位，都是父王偏心、赵何弄奸所致，我哪能屈服呢？总有一天，我会夺回君位。”

赵章于是四处召集党羽，壮大势力，对惠文王的命令也抗拒不从。

大臣李兑害怕赵国生乱，多次劝谏武灵王说：

“赵章以当不上君主为辱，可见他心胸狭小，不明大义。现在他又扩充势力，不服从君主的命令，明显心存不轨，主父一定要惩罚他。”

武灵王并不担心，说：

“赵章有些怨气是难免的，他也是寡人的儿子嘛！他现在心情不好，一时冲动才会做错事。寡人相信，他过一段时间就会有所收敛的。”

武灵王不加惩罚，赵章更加骄横起来。他公开拉拢朝中大臣，对刁难自己的人横加打击。

惠文王多次找赵章谈话。一次，惠文王流泪说：

“赵国是我们兄弟的天下，我们当合力同心，保江山永存。”

赵章表面上答应，私下仍我行我素，加紧谋反。

李兑感到危险逼近，对惠文王说：

“赵章实乃小人，而小人是不值得礼待的，这种做法也是无用的。赵章既已对君主怀恨在心，接下来一定会伺机报复，到时天下就会大乱了。为免大祸，必须速惩赵章。”

惠文王不肯相信，坚持劝说赵章，并不时赏赐他珍宝财物，望其感恩。

赵章对惠文王的善意无动于衷，竟愤恨地说：

“赵何表面上赏赐我，实际上是为了显示他的君主威严，加倍侮辱我啊！我和他势不两立。”

李兑为挽救危局，又去说服大臣肥义。李兑指明了当前的危险后，道：

“大人若是不肯锄奸，也该引退让贤，把权力转让给公子成。公子成不惧危难，他一定会欣然受命。”

肥义不信赵章会谋反，说：

“赵章身为公子，未立他为君，他难道会心情愉快吗？赵章有怨言是人之常情，你为何咬定他会谋反呢？”

李兑焦急道：

“赵章不能忍受屈辱，如今又聚拢党羽，毫无人臣之礼，明显是打算谋反。主父、君主碍于亲情，不忍惩治已是大错，我们做臣子的如果再听之任之，那么大祸就无人能遏止了。”

肥义摇头说：

“赵章胆子再大，他也不敢谋反，你太高估他了。”

李兑顿足道：

“识人察微，你不信我的话，他日一定会后悔。”

惠文王四年（前295），武灵王和惠文王到沙丘游玩，赵章趁机发动了叛乱，肥义被杀，惠文王也险些遇害。叛乱被平息后，惠文王悔恨道：

“小人与人为仇，不可理喻，赵章就是这样的小人啊。只恨寡人优柔寡断，否则便无今日之祸了。”

原文

君子小人，辱之可鉴焉。

译文

一个人是君子还是小人，羞辱他便可以鉴别出来。

释评

判断一个人的好坏是很困难的，人有多种多样的伪装，小人更是此中高手，稍有不慎，人们便会被小人蒙蔽欺骗。但君子和小人对羞辱的态度是截然不同的，这也是对他们内心本质的反映，据此便可看清一个人的真实面目。能忍者方能负重，不为羞辱击倒的才是最坚强的人，也是可以托付大任的人。他们不会为一时的荣辱改变信仰，也不会因此而走向堕落。

事典

抛弃私怨的范纯仁

范纯仁是北宋名臣范仲淹的儿子。宋神宗时，有一年饥荒，范纯仁在庆州知州任上，不待朝廷批准，便开仓放粮，赈济百姓，结果遭到了朝廷的审查。

朝廷派来的使者多次审问范纯仁，态度十分严厉。范纯仁每次都坚持说：

“灾情紧急，容不得请示朝廷，有什么罪名，我一个人担下便是。”

眼见范纯仁多次受辱，他的一位下属对他说：

“朝廷使者素爱钱财，为了渡过难关，大人何不破费疏通呢？”

范纯仁听见下属让他行贿，顿时发怒道：

“为了百姓，我受这点屈辱算得了什么？可你让我贿赂使者，会陷我于不义啊！”

范纯仁不向任何人求助。百姓知道这件事后，想方设法把粮食偿还给范纯仁，又齐聚衙门前为他求情，替他洗清了罪名。

百姓的行为让范纯仁十分感动，他说：

“我为百姓做了一点儿善事，百姓竟倾尽全力救我，我纵是死了也是值得的，何况只是受一点儿屈辱呢？”

宋哲宗时，范纯仁任给事中之职。一次，他听说曾因私怨而控告他的种古境况不佳，心生不安，对家人说：

“种古因诬告我而丢官，虽是罪有应得，但不能不给他机会啊。种古还是很有才能的，我要向皇上举荐他。”

经过范纯仁的力荐，种古被朝廷起用。他向范纯仁谢罪说：

“我从前和大人为敌，不想大人今日以德报怨，种古必当痛改前非，以谢大人。”

元祐初年，吏部尚书一职空缺，哲宗命大臣提出合适的人选。这时，一位大臣毫不犹豫推荐了范纯仁，他对哲宗说：

“吏部尚书一职主管官吏的选拔和考核，非常重要。臣以为范纯仁公正无私，实是最佳的人选。”

哲宗没有点头，说：

“你的理由并不充分，范纯仁资历尚浅，朕并不看好他。”

大臣于是说出了范纯仁荐举种古的事例，接着又道：

“范纯仁受种古诬告而不怪罪他，还举荐种古，完全是抛弃了私怨，一心为国选才，这种胸襟实属罕见。最难得的是，范纯仁屡受屈辱，却从不抱怨，可见他立场不移，绝不是见异思迁的小人可以相比的。陛下若能任用他，当是大宋之福啊。”

哲宗听罢，顿时心潮涌动，说：

“范纯仁不愧是忠臣之后，朕以后要多多倚重他。”

于是，范纯仁被任命为吏部尚书，百官没有一人提出异议。

原文

强而无仁，天辱之。

译文

强者没有仁爱，上天就会羞辱他。

释评

强者看似无人可与之抗衡，但如果他们不讲仁爱，违背天理，那么他们将很快遭受报应。受人羞辱并不绝对是件坏事，它可警醒强者不要胡作非为，鱼肉百姓。如果强者对这种警示不理不睬，那么大祸就不远了。

事典

短命的唐敬宗

唐敬宗

名李湛，唐穆宗长子。贪图玩乐，不事国政。即位两年为宦官谋杀，时年十八岁。

镜　鉴

无德则失人心，失人心则权力无所依附。

唐敬宗在位时，天天沉湎于淫乐，不理朝政，朝野皆知。翰林学士韦处厚不顾敬宗责罚，屡屡进谏说：

“陛下当思大唐江山来之不易，不该过于放纵。时下藩镇割据，朝纲废弛，百姓困苦，样样都让人忧虑啊。”

敬宗愚蛮任性，对韦处厚吼道：

“朕为天子，乃是天意使然！只要天不灭朕，谁又能对朕不利？你天天啰啰唆唆，小心朕砍了你的脑袋！”

敬宗的无道令百姓生恨，也使野心家们想要取代他。

都城长安有个算卦先生，名叫苏玄明，久闻敬宗的丑事，渐渐有了造反的念头。他找到好友张韶，问他：

“你如今只是个染坊的工匠，难道不想将来荣华富贵吗？”

张韶苦笑道：

“想也没用，你我都是平民百姓，还是死了那份心吧。”

苏玄明低声说：

“汉高祖也是平民出身，同样当上皇帝，为什么我们就不可以呢？”

二人接着谈论宫廷的秘事，嘲笑敬宗昏庸无能，越说越大胆。苏玄明见张韶没有了顾忌，突然跪倒在张韶的脚下，神秘地说：

“我是个卜人，算卦向来灵验。我已为你算过一卦，说你今日之内可升坐御殿，南面称孤，我也能与你共享富贵。”

张韶听后大笑，连连说：

“这太荒唐了，小孩子也不会相信，我看你是在说梦话。”

苏玄明磕了几个头，又说：

“如今皇上天天胡闹，朝廷形同虚设，上天还会保佑他吗？做大事当要抓住机遇，时下正是动手的时候。你有帝王之相，一定会成功的。”

于是二人马上开始行动。张韶召集来百余名染工，苏玄明说明了“天意”，又封官许愿。这些染工头脑一热，都参加了谋反。

张韶和苏玄明扮作车夫，百余名染工藏在几辆柴草车中，以运送柴草为名，混进了皇宫。

敬宗当时正在清思殿玩乐，忽闻外面杀声四起，吓得面如土色，狼狈逃窜。很快，苏玄明、张韶一伙轻易占领了皇宫。

张韶坐在清思殿的御榻上，苏玄明坐在他的对面，二人享受着宫中美食，快活得手舞足蹈。张韶说：

“早知皇上如此无能，我们就不会现在才动手了。”

但不久，朝廷的禁军赶至，苏玄明、张韶一伙都被斩杀，乱了一天一夜的皇宫终于安定下来。

这件事震惊了朝野，韦处厚就此劝谏敬宗说：

“一伙草民都敢攻打皇宫，可见朝廷的形势是多么凶险了。这是上天警告陛下要勤政爱民，陛下不可不知啊。”

敬宗赐给韦处厚锦彩百匹、银器四具，以为奖赏。他收敛了几日，但不久又荒淫如故。

韦处厚再劝无效，痛心地说：

“皇上违逆天道，不知悔改，恐怕以后不会再那么幸运了。”

宝历二年（826）十二月，敬宗被太监刘克明等人杀害，在位未满三年，年仅十八岁。

原文

弱而不振，人辱之。

译文

弱者不能振作，别人就会羞辱他。

释评

弱者所受的不公正是最多的，但弱者还是要被迫承受和面对。面对羞辱，不能只是哀怨，振作图强才是正确的出路。忍受是第一步，这样可以给弱者赢得充分的时间，由弱变强。

事典

忧心的周昌

汉高祖刘邦在位时宠幸戚姬，想废掉太子刘盈，改立戚姬之子刘如意。

一次，刘邦向百官说出了自己的意图，并批评太子刘盈说：

“太子性情柔弱，没有主见，朕担心他难当大任啊。如意的性格和朕相仿，朕十分喜欢他，他为太子的话，朕就放心了。”

大臣们都表示反对，刘邦一概不听。周昌心中着急，大声抗辩说：

“陛下如果执意改立太子，那么臣不惜以死相争，决不奉诏。”

周昌由于口吃，说得结结巴巴，刘邦禁不住笑了。张良见气氛缓和，于是劝刘邦把此事搁下，以后再议。

吕后感谢周昌保全了太子。周昌却说：

“我做事全凭良心，只想讲出真话，你不必谢我。”

刘如意十岁时，刘邦封他为赵王。刘邦担心他日后遭人暗算，整日闷闷不乐。

一日，刘邦眉头紧皱，长吁短叹。在旁服侍他的御史赵尧猜出了他的心事，便对刘邦说：

“赵王只得到了陛下的偏爱，而太子却被群臣拥护，赵王日后的处境会很不利。赵王既不能立为太子，陛下就要告诫他谨守臣子之礼，不要和太子发生冲突。臣认为周昌胆大心细，可以督导赵王少犯过失，亦可担起保护赵王的重任。”

刘邦于是把周昌召来，告之以心事，然后道：

“赵王孤立无援，朕担心他日后不知自保，所以命你辅助他。你敢于直言，对朕忠心，此事就拜托你了。”

周昌于是离开京城，改任赵相。

赵王虽是年幼，但由于刘邦娇惯，十分任性。他天天玩耍无度，对手下人动不动就呵斥责打。

一日，周昌见赵王又在杖责下人，便阻止说：

“大王的一举一动都会被人告知皇上和皇后，大王如此暴躁，他们怎会高兴呢？皇后和你母亲不和，你和太子又有争位之嫌，这样不是授人以柄吗？”

赵王脾气发作，嚷道：

“我被赶出京城，又和母亲分开，皇后处处欺侮我啊。我现在虽小，但也知谁对我不好，我会记住这一切的。”

周昌急忙说：

“大王身处弱势，只有忍耐方可避祸，岂能逞强呢？大王当自求上进，摒弃恶习，这样才会让人刮目相看啊。”

周昌耐心教导赵王，赵王渐渐进步，周昌心里有了不少安慰。

虑及长远，周昌又派人进京面见戚姬，进言说：

“娘娘不可倚仗皇上的宠爱和皇后作对，皇上百年之后，必是皇后主持大局，到时吃亏的只能是娘娘你了。娘娘为了赵王，为了自己，都该和皇后交好。”

戚姬缺少心机，傲慢地说：

“有皇上为我撑腰，我为什么要忍气吞声呢？”

戚姬和吕后明争暗斗，结下了很深的仇怨。周昌为此忧心地对家人说：

“戚姬不以大局为重，不懂得忍耐，反而处处争强。她这样做不仅毁了自己，也会连累赵王啊。纵使我竭尽全力，恐怕也会无功。”

刘邦死后，戚姬果然遇害。不久，赵王也被吕后召回京师，惨遭毒杀。

原文

辱不灭人，灭于纵怒。

译文

羞辱不能毁灭人，毁灭人的是放纵愤怒。

释评

面对羞辱，不能随便发泄愤怒。怒火打击不了别人，只会“燃烧”自己，把自己葬送。历史上的成功者都善于制怒，他们不让愤怒牵着自己的鼻子走，因此时刻都能保持理智，做出最正确的抉择。羞辱虽然伤人，但它并不致命，人们不该把它看得太重。要走好人生的每一步，清醒必不可少，而愤怒只会带来冲动和蛮干。

事典

姚枢的当头棒喝

南宋末年，蒙古军队攻克德安城，城中几十万百姓被杀。

德安人赵复是个读书人，被蒙古军队俘虏。当时，蒙古正寻求儒生、道士、僧人、医生、卜者，所以并未杀害赵复这样的读书人。

赵复是个刚烈的人，他痛恨蒙古军队的暴行，一心求死。他对蒙古士兵破口大骂，士兵几次想要杀他。

和赵复一同被俘的一个道士劝他说：

“生命宝贵，你应该珍惜啊。你不思为国报仇，只图口舌之快，纵是死了也一文不值，你要冷静下来。”

赵复哭着道：

“我的亲人死于敌手，我不能杀敌报仇，没脸活下去了。如果坐等受辱，那么不如死了痛快。”

蒙古官员姚枢奉命搜求儒生，他听说赵复求死之事，于是赶过来见他。一见面，赵复便大骂不止。姚枢待他骂得精疲力竭，才对他说：

“愤怒只会让你死得更快，你甘愿白白送死吗？”

赵复咬牙答道：

“我不想苟活，自然不怕死了。”

姚枢叹气说：

“你读书求学，日夜辛苦，倘若白白死去，不感到遗憾吗？大丈夫讲究学有所用，你现在一事无成，却因怒轻生，你太糊涂了。”

姚枢说完，便离开了。赵复一夜无眠，神情黯然。

第二天，姚枢又和赵复谈话，他同情地对赵复说：

“生于乱世，是我辈的不幸，个人岂能改变呢？如今宋室将亡，你何不放下仇怨，以所学造福百姓呢？”

赵复哀号大恸，无力道：

“我枉读诗书，既不能救国，也不能救家，你不要安慰我了。”

姚枢怕赵复自杀，晚上便让赵复住在自己的帐篷里。

一天夜里，赵复偷偷溜出去，想要投水自尽。姚枢劝阻了他，说：

“我若是你，绝不甘心就这样死去，你的做法和莽汉有何区别呢？你有不凡的才学，应该将自己的所学传诸后世啊！”

姚枢反复规劝，赵复才打消自杀的念头，跟随姚枢来到北方。姚枢把他待为上宾，虚心向他请教学问。

有人对姚枢的谦恭颇有异议，说：

“你是朝廷官员，赵复只是个宋国书生，你对他礼遇太过了。时下以武力称雄，赵复的学问有什么用呢？”

姚枢解答道：

“武力只可依赖一时，国家要想长治久安，就得依靠有学问的人。我国学业荒疏，人才短缺，岂可不敬赵复这样的人呢？”

赵复不想做官，朝廷想要惩罚他。姚枢为他求情说：

“赵复学问广博，让他讲授学问更为合适。”

朝廷于是建立了太极书院，请赵复传授学业。跟随赵复学习的人越来越多，赵复的心也日渐安宁下来。一日，姚枢前来探望赵复，他见赵复精神饱满，感到十分高兴。

赵复向姚枢深施一礼，动情道：

“若无大人当头棒喝，怒火攻心的我早就死了，哪里有今天呢？我能传道授业，不负此生，多亏大人相助。”

赵复育人无数，人们尊称他为“江汉先生”。

原文

大辱加于智者，寡焉。

译文

有智慧的人常常要承受大的羞辱，因为能理解他们的人很少。

释评

智者是孤独的，他们超越常人的卓见往往不为人们所接受，反而成了人们嘲笑打击的对象。一个人要想有所突破，就不要幻想没有障碍地前进。在多数人的反对声中，也许只有自己是正确的。认准目标并义无反顾地追求，才是探求真理的有效途径。

事典

锐意变革的赵武灵王

赵武灵王

嬴姓，赵氏，名雍，战国时期赵国国君。在位期间颇有作为，以“胡服骑射”使赵国军事力量迅速提升，成为战国后期混战中秦在中原最大的竞争者。

镜　鉴

真理往往掌握在少数人手里，众人之不解是智者必然要面对的。

战国时期，赵国武灵王立志图强，进行了种种变革。

一日，武灵王召见群臣说：

“赵国北有燕国，东有胡人，西边是秦国，而赵国的军队却不强大，这不是很危险吗？寡人以为军中士卒衣着肥大，不便作战，应当改穿灵巧的胡人服装。”

多数大臣表示反对，他们争辩道：

“赵国乃中原大国，如果改穿胡服，那么天下必耻笑赵国。”

反对声浪高涨，武灵王一时不敢定夺。

大夫楼缓支持武灵王的变革，他面见武灵王说：

“世俗的力量固然庞大，但要锐意布新就必须突破它。大王目光远大，智慧超群，希望大王不要顾忌别人的意见。”

武灵王失望道：

“要建立高于当世的功名，必定要有被世俗谴责的遗憾，可寡人还是希望群臣能和寡人的看法相同啊。这件事阻力太大了，寡人担心引发不测。”

反对武灵王的大臣联合起来，一方面劝谏不止，另一方面又鼓动百姓闹事，给武灵王施压。一时间，各种不利于武灵王的谣言四起，有的谣言甚至说武灵王是胡人的后代。

武灵王烦恼不已，对大臣们说：

“寡人为了提高我军的战斗力，准备改穿胡服，这件事就这么难实行吗？现在风波不断，愈演愈烈，你们难辞其咎！”

有的大臣说：

“此事虽小，但关系改变祖制，大王就不能轻易决断。如今天下反对，大王没有理由再坚持了。”

武灵王见说服不了群臣，只好暂时搁下此事。

大臣肥义也是反对者之一，他见武灵王态度变软，心中窃喜。一日楼缓拜见肥义，对他说：

“大王改穿胡服的主张，极其英明，你身为重臣不仅不赞同，还带头反对，不正是说明你很愚蠢吗？现在大王被孤立，而你却看大王的笑话，你这样的臣子有什么用呢？大王必定惩罚你啊。”

肥义吓得冒出一身冷汗，立刻改变立场，极力拥护武灵王的主张。他说：

“干事犹豫就不能成功。大王既然认定改穿胡服有好处，只管下令实行便是，何必在乎他人的见解呢？”

武灵王对肥义的转变十分高兴，开口问他说：

“你曾极力反对，如今却改变了主意，寡人想知道其中原因。”

肥义说：

“臣下愚钝，不明白大王的用心，思之汗颜啊。现在想来，凡是大智之人，必有他们的高明之处。从前大舜曾跳过苗族的舞蹈，大禹进入裸国就脱光衣服，他们的目的都在于追求功德和事业成功。智者高瞻远瞩，愚人糊涂短视，智者不应该以愚人的意见为准。”

武灵王于是坚定了决心。一日，他穿着胡服上朝，面对群臣的惊诧，武灵王严肃教训他们说：

“改穿胡服、练习骑射是为了保卫赵国，抵御强敌，寡人纵使被天下人咒骂也要实行这个规定。你们现在回去换上胡服，否则，寡人决不饶恕。”

赵国改穿胡服后，国力日渐强大，在对外征战中屡屡获胜。

原文

大难止于忍者，息焉。

译文

忍受屈辱的人往往能躲过大的灾难，因为他们使敌手停止了进攻(而获得了喘息之机）。

释评

大的灾难源于敌手的不断进攻。忍受不了小的屈辱，敌手的进攻便会加剧。面对大敌，当忍一时之辱，积蓄力量，以图来日。忍辱是弱者的生存谋略，它可以降低敌手的戒心，减轻敌手的打击力度，进而使自己受到的伤害减为最低。

事典

娄敬的智取

汉高祖刘邦建立汉朝后，想定都洛阳。齐人娄敬面见刘邦，进谏说：

“当年成王、周公营建东都洛阳，是因为当时天下太平，周室仁德无比，并不倚重地形险要来巩固政权。如今天下虽定，但隐患甚多，一旦天下有变，洛阳无险可守。由此看来，陛下还是定都关中更好。”

刘邦就此询问群臣。张良道：

“娄敬之意甚好，他不主张定都洛阳，是担心刺激有野心之人的造反欲望。陛下对此岂可大意呢？”

刘邦于是决定定都关中，对娄敬予以了封赏。

汉高祖七年（前200），韩王信反叛，刘邦亲征讨逆。大军走到晋阳时，刘邦听说韩王信要与匈奴联手的消息，便想和匈奴开战。娄敬在军中随行，他对刘邦说：

“韩王信造反，我军尚未平定，如果陛下还要与匈奴为敌，那么我军的胜算就不大了。陛下当集中全力对付韩王信，暂且把攻打匈奴的事放下。”

刘邦派娄敬出使匈奴，探查虚实。匈奴为了蒙蔽汉朝，把青壮男子和肥健牛马藏起，只让老弱病残的人马在外走动。娄敬识破了匈奴的诡计，对刘邦说：

“匈奴故意隐瞒实力，是想让我们上当啊，陛下不能与匈奴交战。”

其他出使匈奴的使者却说：

“匈奴欺我太甚，陛下怎能受番邦的侮辱呢？我朝兵强马壮，一战必可大胜匈奴，望陛下不可怯战。”

刘邦心高气傲，认为娄敬动摇军心，竟给他戴上刑具，押在广武。

娄敬忧心如焚，痛哭流涕道：

“皇上不忍小辱，却与强敌死拼，不知有多少将士要赔上性命了。”

汉军走到平城，被匈奴大军重重包围，七日七夜才脱困。刘邦回到广武，赦免了娄敬，致歉道：

“朕未听从先生的话，以致蒙受大辱，损兵折将，朕愧对先生啊。”

娄敬谢过刘邦，耐心道：

“陛下既受屈辱，更应吸取教训，不可轻易言战了。匈奴实力强大，只要陛下灵巧应付，我朝便无大的劫难。”

韩王信逃入匈奴境内，匈奴人屡屡骚扰汉朝边境。面对时时传回的边关急报，刘邦又不能忍受了，对群臣说：

“大敌当前，终不免一战啊！朕想倾全国之力，与匈奴决战。”

群臣意见不一，各言利弊。只有娄敬提出了新的建议，他说：

“匈奴强大，只可智取，不可强攻。陛下若能把嫡生的公主嫁给单于。并赠送嫁资，将来公主所生的儿子便是匈奴的太子，日后则为匈奴的单于。他作为陛下的外孙，自然不能与外公为敌了，这样一来，匈奴之患不就从此消除了吗？”

刘邦道：

“为了安抚匈奴，根绝大患，这确是妙招！”

刘邦不忍亲生女儿鲁元公主出塞，另选女子假充公主嫁给了单于。和亲之后，匈奴一度停止对汉朝的攻击，汉朝得到了喘息之机，得以为后来对匈奴的反击积攒实力。

恕人卷 第八

天威贵德，非罚也。人望贵量，非显也。

恕人恕己，愈蹙愈为。君子可恕，其心善焉。小人可恕，其情殆焉。不恕者惟事也。

富而怜贫，莫损其富。贫而助人，堪脱其贫。

人不恕吾，非人过也。吾不恕人，乃吾罪矣。

本卷精要

- 声望以器量为贵，而不是显赫。
- 宽恕他人就是宽恕自己。
- 仁恕之道不仅能感染人，更能改变人。
- 扶助处于困境的人，是智者的行为。
- 过于求全责备，受害的是自身。
- 富而泽贫，无损其富。

原文

天威贵德，非罚也。

译文

上天的威严以仁德为贵，而不是惩罚。

释评

威严不能建立在惩罚之上，因为惩罚并不能使人真正敬服，而表面上的顺从是维持不了多长时间的。握有权力的人一定要慎用惩罚，惩罚多了就容易背离仁德之道，也容易招致人们的反抗。残暴的掌权者一旦失去了权力的魔杖，便只能自食苦果，这是他们共有的下场。

事典

自责的宋英宗

宋英宗

赵曙，太宗曾孙，仁宗养子。即位之初因多病，由曹太后垂帘，后亲政未几而病逝。在位期间任用旧臣，继续改革，颇为勤政，然享年日短，终无大作为。

镜　鉴

居上者当以德服人。

北宋英宗赵曙，原名赵宗实，是濮安懿王赵允让的第十三个儿子。当时，宋仁宗没有子嗣，便在宗室子弟中挑选皇位继承人。

有人推荐了赵宗实，仁宗问道：

“赵宗实有什么特殊才能吗？”

推荐他的大臣摇头说：

“没有。”

仁宗不满道：

“治理天下者若无才能，如何能称职呢？你的推荐太轻率了。”

大臣平静地说：

“君主当以仁德为重，这样才能感召天下，治民化民。倘若君主自恃才高，随便施威，百姓不敬爱他，天下也不会太平啊。”

仁宗点头微笑，说道：

“这么看来，赵宗实必有大德了，你可说出一二，朕自有判断。”

大臣说：

“赵宗实性情平和，对人怀有赤诚之心，虽为王子，但从不为了树威而惩罚人。一次，有人借了他的金带，却还他铜带，主事官吏想惩罚那人，不想赵宗实却说：‘这确实是我的带子。’此事虽小，却可见赵宗实恕人的美德。而这正是许多人所缺乏的。”

仁宗肯定道：

“仁德之君不滥用权力，不滥施惩罚，这确是保有天下的法宝啊。”

仁宗于是任命赵宗实为皇子，改名为赵曙，做自己的继承人。诏书下来之后，赵曙却惶惶不安，对自己的老师周孟阳说：

“我无德无能，难堪大任，请代我推辞吧。”

周孟阳拒绝道：

“皇子仁德忠孝，不必自谦。皇子若不奉诏，定会教皇上和百姓失望，臣绝不干这种违背人心的事。”

赵曙亲自上书推辞，但他写了十多篇奏疏，仁宗也没有准许。仁宗对群臣说：

“面对皇子之位，哪有人会像赵曙这样多次谦让的呢？仅凭这点，他的仁德就可见一斑，朕更加相信他了。”

嘉祐八年（1063）仁宗去世，赵曙即位，是为英宗。有的大臣为了讨好他，草拟了一些新政，恳求他施行。大臣说：

“陛下初立，不能不树立自己的威严，否则，臣担心有人会对陛下不敬啊。”

英宗把奏疏扔在地上，未看一眼，他说：

“朕未向百姓施予仁德，哪里能树威呢？你太不了解朕了，朕要教化百姓，以仁为政。”

治平二年（1065），京城下了大雨，造成了水灾，死于水灾的有一千五百八十人。有的大臣据此上奏英宗说：

“京城长官防灾不利，有失职之责，陛下应予重惩。”

英宗没有同意，说：

“天灾难测，京城长官也尽力了，朕不能加罪于他们。”

英宗下令赈济、抚恤灾民，免除灾民赋税，一时人心大定。

不久，京城再遇水灾，损失惨重。有人再次提议重惩京城长官，说：

“陛下即位不久便连遭水灾，如不惩处京城长官，有失陛下威信。京城长官有责在身，惩处他并不为冤。”

英宗不悦，对群臣说：

“朕若靠罚人立威，何异于暴君？天灾乃是上天惩戒朕的失德，与别人无关，朕不能推卸责任。”

英宗于是下诏书自责，把罪过都揽在自己身上。

文武百官和天下百姓感佩英宗的真诚，无不称颂他的仁德。英宗在位期间，虽没有大的作为，却人心归顺，天下安定。

原文

人望贵量，非显也。

译文

人的声望以器量为贵，而不是显赫的名声。

释评

一个人如果没有一颗仁爱、宽恕之心，他的器量就会十分狭小，也难以得到更好的声望。一些人为了提高自己的声望，选择沽名钓誉。也许他们有得逞之时，但因此得到的名誉终是虚假的，一捅就破，不能给他们带来真正的益处。器量与功利无关，拥有大器量之人心胸开阔，善于恕人，声望不求自来。

事典

王安石的执拗

王安石

北宋名臣，字介甫，临川人。受神宗重用，推行新法。熙宁九年（1076）罢相后，隐居，病死于江宁钟山，谥号文，又称王文公。有《临川先生文集》。

镜　鉴

待人苛刻对提高威望无益，只会遭人反对。

北宋神宗时，王安石主张变法革新，反对他的人众多。

御史中丞吕诲指责王安石有十条过错，王安石大为恼怒，请求神宗处置吕诲。王安石对神宗说：

“陛下革新之举，容不得有人说三道四。吕诲不识大体，不遗余力地攻击臣，实际上是对新法不满，对陛下有怨气，陛下怎能任他胡言呢？”

神宗听信了王安石的话，下旨把吕诲贬出朝廷。

大臣韩琦听说吕诲被贬，急忙上书神宗，劝谏道：

“陛下实行新法，一些人不理解陛下的意图是可以理解的。吕诲身为御史中丞，有谏言之责。他只说了王安石几句坏话，便遭无情打击，以后谁还敢说真话呢？王安石过于苛刻，陛下不能纵容他。”

神宗反思过后，也觉得对吕诲惩罚不当，便要召回吕诲。王安石听说后极力反对，神宗十分为难。

和王安石交情不错的司马光劝王安石不要咄咄逼人。他说：

“皇上宠幸于你，你更应该宽以待人，减少皇上的烦忧。你现在大权在握，如果动辄惩治别人，你的威信便会丧失殆尽，难以服人。”

王安石反驳说：

“我若失去权威，新法便不能推行。我不严苛一些，岂不误了大事？”

神宗找王安石谈论召回吕诲的事，王安石便请求辞职。他抗辩道：

“诽谤臣的人如果得到饶恕，那就说明臣有过失了。这样，臣就会名声扫地，也无法执政了。”

神宗见王安石不肯退让，只好不再召回吕诲。他无奈地对王安石说：

“为了一个吕诲，你竟气得要辞官不做，何至于此呢？”

神宗任命韩维接替吕诲的职务，做御史中丞。韩维对神宗说：

“臣从前指责过王安石，王安石一定记恨在心，臣不敢赴任。”

神宗于是召见王安石，告诫说：

“你主持大局，不能苛求于人，更不能没有器量，容不下人。朕支持你的主张，却不可能要求任何人都迁让你啊。”

神宗随后说了任用韩维的打算，王安石果然反对。他说：

“韩维一向和臣作对，臣和他难以共事，陛下还是另用他人吧。”

神宗神情黯然，不置可否。

王安石的好友劝他说：

“成大事需要人助，你如果无人扶持，就会面临失败。反对你的人很多，你能一一加以惩罚吗？这样做只会失去人心，不如宽恕他们，感化他们。”

王安石不想妥协，坚定地说：

“因为新法，很多人都在骂我，不过皇上站在我这一边，他们骂也无用。这些人顽固自私，和他们交好只会影响我的清誉，使变法夭折。我是不可能与他们结交的。”

王安石不听劝阻，许多与他交好的朋友都渐渐和他疏远了。

一天，王安石跟随神宗进宣德门时没有按规定下马，卫兵拦住他，还鞭打了他的马。王安石又气又怒，请求神宗严办卫兵。有人劝王安石道：

“大人身为宰相，不该为了一个卫兵如此动气。此事传扬出去，人们会说宰相器量不足，减损大人声望。”

王安石发怒说：

“对宰相不敬，便是大罪，我宁肯不要声望，也要惩戒卫兵。我不是有心要治卫兵的罪，而是他太无礼了。”

神宗迫于王安石的一再请求，只好把卫兵杖责。御史蔡确当众指责王安石过于霸道，他激愤道：

“卫兵把守宫门，尽职尽责，宰相违反了宫中规定，难道不该被制止吗？宰相连一个卫兵都要施以威权，就不怕人们指责吗？”

王安石无法对答，只是冷笑。

王安石处处强硬，做事独断专行，渐渐失去了神宗的信任。后来，神宗罢免了他的宰相之职。

原文

恕人恕己，愈蹙愈为。

译文

宽恕他人就是宽恕自己，形势越困难越要这样做。

释评

宽恕他人是不能讲条件的，如果抱着功利思想为之，那么就失去宽恕之要旨了。设身处地地为他人着想，才能换来他人的将心比心。要真正理解他人，就不能停留在口头上，而应付出实际行动。即使在困境中，也不能失去仁恕之心。

事典

出人意料的苏绰

南北朝时，西魏的大臣宇文泰掌握朝廷大权，文帝元宝炬只是个傀儡。

宇文泰聪明能干，文武皆备，西魏在他的主持下国势强盛。有人为了邀功请赏，于是吹捧宇文泰说：

“大人功德无量，苍生受益无穷，大人就该顺应天命，承继大统，如此方不负百姓厚望。”

宇文泰见他鼓动自己登上帝位，心中有喜，表面却说：

“天子当有天子之福，我自知德才不具，不敢有此一念啊。”

时任大行台左丞的苏绰是宇文泰的心腹。一次，宇文泰对苏绰说了有人劝他称帝的事。苏绰说：

“这人是要置大人于死地，大人不该听从。”

宇文泰笑道：

“皇上也得看我的眼色行事，谁能治我的罪呢？”

苏绰见宇文泰野心显露，心头一沉，规劝说：

“大人既然已掌握实权，就不必冒天下之大不韪去做篡逆之事。大人深受国恩，当思报效，否则天下人便会认为大人忘恩负义，如此天下难安。”

宇文泰被苏绰说中了心事，急忙掩饰道：

“这全是小人的蛊惑之言，我并没有听信，你何必当真呢？”

苏绰为了打消宇文泰的野心，进一步分析时局，说：

“我国外有强敌，内则百废待兴，大人此刻以仁恕待人，方能永葆权位。如今皇上虽弱，但民心依然向着皇上；大人虽位高权重，但堵不住悠悠众口。那些游说大人篡夺皇位的人，是不明大义啊。”

宇文泰反复思量，终觉苏绰说得有理，于是放弃了邪念。

苏绰协助宇文泰治理西魏，进行了许多变革，引起许多人的不满。他们联合起来反对他，给他加了不少罪名。宇文泰相信苏绰的为人，对所有人的控告不加理会。他对苏绰说：

“我是信任你的，你如果想惩治他们，我一定为你出气。”

苏绰开口道：

“我早就预料到变革举步维艰，但这个时候惩处反对我的人，只会使人心惶惶，以致发生动荡。我请求宽恕他们。”

宇文泰摇头说：

“你太仁慈了，这只会让他们越闹越欢，你甘心这样吗？”

苏绰说：

“我以仁恕之心待人，不是向他们示弱，而是想感化他们。我就是想让他们知道，我绝不是为了个人的私利，也不是存心为难他们，而是为了朝廷的长治久安。”

苏绰没有任何报复举动，大出反对他的人的意料。时间一长，这些人发现苏绰真的是为国家变革而操劳，都心生愧疚，纷纷成了苏绰的坚定的支持者。

原文

君子可恕，其心善焉。

译文

君子可以宽恕，因为他们心地善良。

释评

君子也有犯错的时候，尽管这是人们不愿看到的。君子之所以成为君子，并不是因为他们不食人间烟火、完美无缺，而是因为他们有一颗善良的心。和他们的仁德、善良相比，君子的过失始终是微不足道的，人们不能因此而否定他们。君子有君子的难处，人们应该懂得体谅，而不应求全责备、过于挑剔，否则就是扼杀君子了。

事典

信陵君的小节

信陵君

姬姓，魏氏，名无忌，战国时期魏昭王之子。著名的政治家、军事家，官至魏国上将军。为人仁爱宽厚，礼贤下士，是“战国四公子”之一。

镜　鉴

看人要看大方向，善良的人若犯小错，也应该被宽恕。

战国时期，魏国公子魏无忌被封于信陵，许多人都投奔到他的门下。

信陵君以礼贤下士著称，各诸侯国都畏惧他的贤能，不敢轻易进犯魏国。

一次，魏王和信陵君一起赌博游戏，有人报告说赵国入侵。魏王闻之大惊，信陵君却不动声色地说：

“那只是赵王在打猎，大王不必紧张。”

不久，消息传来，果然是赵王在边境打猎。

魏王惊讶地说：

“公子莫非有先见之能？”

信陵君解释道：

“这并非是我的能耐，而是我的宾客中有人探知了赵王的行动，并告诉了我。”

魏王十分忌惮信陵君的本领，对心腹说：

“公子手下能人奇士众多，他的威望也令人仰止，这是对寡人的巨大威胁啊。寡人应对他加以防范，更不能重用他。”

魏王于是不顾众大臣的推举，始终不把治国大权交给信陵君。

魏安釐王二十年（前257），秦军包围了赵国都城邯郸。魏王派兵救赵，却因害怕秦国报复而令大军停留在邺城，坐以观望。信陵君为了救赵，偷走了魏王的兵符，杀了统率魏军的将领晋鄙，指挥魏军大破秦军。

信陵君不敢回到魏国，于是便留在了赵国。赵孝成王为了报答信陵君的恩情，打算封给信陵君五座城池，作为酬谢。

信陵君听说了这件事后，十分得意地对手下人说：

“难得赵王知恩图报，这五座城池我受之无愧。”

见信陵君一副居功自傲的样子，跟随他的宾客都感到意外，纷纷议论说：

“公子虽有大功，但贪取回报，这终不是君子所为，公子让人失望啊。”

宾客开始责怪信陵君，有人甚至想离他而去。这时，一位年老的宾客对众人道：

“你们只因一件小事就责怨公子，这对公子不公道啊。”

众人好奇地问：

“明明是公子有错，你难道还有为他开脱的理由吗？”

年老的宾客道：

“公子不惜冒死解救赵国，这份胆量和义气天下罕有，谁可与之相比呢？公子有国难归，但他并不哀怨，这份真情更让人敬佩了。公子现在确是表现出了一点儿骄傲，可这只是他的小节，我们怎能揪住不放，进而反对他呢？”

众人被说得面红耳赤，没有一个人站出来和年老的宾客争辩。

年老的宾客于是拜见信陵君，他先对信陵君说：

“公子救赵之时，可曾想到要贪取赵国的五座城池呢？”

信陵君道：

“生死关头，谁也不会在乎城池啊。”

年老的宾客说：

“公子救赵，不避生死，乃是出自大义。如果为了五座城池而影响公子的名声，那么谁都会说公子不智。公子以为呢？”

信陵君严肃起来，请教道：

“先生若有赐教，我一定遵从。”

年老的宾客正色说：

“有的事情可以忘掉，有的事情却不可以忘掉。别人对公子有恩德，公子不可以忘掉；公子对别人有恩德，公子应该忘掉它。公子虽对赵国有功，但从另一个角度看，公子是对魏国不忠的，公子怎能沾沾自喜呢？我希望公子不要接受赵国的五座城池，更不能把功劳挂在嘴上。”

信陵君惭愧不已，对年老的宾客连连称谢，说道：

“你说得太对了，这确是我的大错，若无你的指点，悔之何及！”

信陵君坚持不受赵王的封赏，人们对他更加敬重了。

原文

小人可恕，其情殆焉。

译文

小人可以宽恕，因为他们的状况危险。

释评

小人尽管令人讨厌，但人们也没有必要和他们纠缠到底，不依不饶。小人做尽了坏事，面临凶险四伏的处境，随时都有可能沉入谷底。他们之所以会堕落，有时并不完全是他们的个人责任，他们仍有令人同情的一面。站在人性的高度上，对小人的宽恕不是纵恶，而是扬善。

事典

做贼心虚的张士诚

张士诚

元末群雄之一，出身盐贩，起义称王。后降元，为太尉，割据浙西。又自立为吴王。至正二十七年（1367），败于朱元璋，被俘，自缢而死。

镜　鉴

看不清局势而欲得渔翁之利，反而会陷入凶险。

元朝末年，张士诚占据高邮，称霸一方，和朱元璋屡生冲突。

至正十六年（1356），朱元璋攻下集庆，派遣杨宪和张士诚通好。朱元璋还写信对他说：

“你我共同反元，当交好联手，我不与你为敌，希望你也不要被谗言蛊惑，挑起边境的纠纷。”

杨宪前去投书，张士诚却十分冷淡。他对手下人说：

“我为什么要对朱元璋示好呢？这个人是我的对手，我不能放过他。”

张士诚于是把杨宪扣留起来，随后又派兵攻打朱元璋。

朱元璋怒火冲天，大骂张士诚不仁不义，想亲自带兵讨伐他。大将徐达阻止了朱元璋，他说：

“张士诚实乃小人一个，主公没有必要生他的气。这种人成不了大事，还是由我带兵教训他吧。”

徐达率军在龙潭把张士诚的军队打败，又乘胜进攻常州。张士诚派兵增援，结果再遭败绩。

张士诚一见形势不妙，急忙修书向朱元璋求和。他在信上说：

“我本无心与你为敌，只因奸人挑唆，才发生误会。现在我已醒悟，切望你我休战，永不交兵。”

另外，张士诚还答应每年给朱元璋二十万石米、五百两金、三百斤银。

朱元璋见书冷笑，不屑道：

“张士诚不义在先，献媚在后，我岂能宽恕这样的小人？他是被我军打怕了，否则，他一定会消灭我们。”

朱元璋的手下孙炎劝朱元璋答应议和，他说：

“时下群雄并起，个个都想代元自立，张士诚只是其中之一，他攻打主公并不为奇。主公欲夺天下，必须示人以宽大的胸怀，这样才能招揽贤士，成就霸业。张士诚如今既肯认罪，主公便可宽恕他，如此主公赢得了声望，也对日后行事更为有利。”

朱元璋同意了张士诚所请。

张士诚自立为吴王后，奢侈放纵，奸诈刻薄。他自恃兵多将广，时常无端攻打朱元璋，给朱元璋制造了不少的麻烦。

朱元璋深恨张士诚的反复无常，想集中主力攻打他。朱元璋对手下人说：

“张士诚不可以礼待，只能痛击。这样的阴险小人不除，我军没有宁日！”

当时，朱元璋和陈友谅争战正酣。军师刘基主张放过张士诚，全力对付陈友谅，他对朱元璋说：

“陈友谅实力雄厚，野心勃勃，他才是主公的大敌，而张士诚苟且偷安，不足为患。主公若争一时之气，一定会得不偿失。”

朱元璋无奈，只好不与张士诚冲突，处处忍让他。

一日，朱元璋接到密报，说陈友谅和张士诚相约来冒犯。朱元璋心中慌乱，急召众人议事。

军师刘基听后，笑道：

“主公不必忧虑，以张士诚的小人性格，他只会坐山观虎斗，哪里会信守与张友谅的约定呢？只要打败了陈友谅，张士诚手到擒来。”

朱元璋和陈友谅大战时，张士诚果然按兵不动。张士诚的谋士催促说：

“主公既然答应了陈友谅，就应该出兵相助，否则陈友谅一败，接下来遭殃的就是我们了。所谓唇亡齿寒，主公焉能袖手旁观呢？”

张士诚格外固执，说：

“我聚众造反，如不成功便要人头落地。我总担心有落败的那一天，哪里顾得上什么约定呢？他们二虎相斗必有损伤，我要最后出击。”

朱元璋消灭了陈友谅后，转而全力攻击张士诚。张士诚节节败退，最后困守平江孤城，拼死顽抗。

朱元璋写信招降张士诚，他在信中说：

“现在大势已定，我不计较你从前的过失，你也该顺应天命投降。你之所以不能成事，是因为你的心胸太狭窄了。如果你能为百姓生死着想，现在立功赎罪并不为晚。”

张士诚拒不投降。平江城破，张士诚被俘至金陵，后自缢而死。朱元璋命人厚葬他，且说：

“我无心杀他，只怪他做贼心虚，不敢面对任何人了。”

原文

不恕者惟事也。

译文

不能宽恕的只有事情本身。

释评

对事不对人，是恕道的核心内容。既成的事实无法改变，而人却有改过的希望，只要给他人一次机会，他人或许就能获得重生。用发展的眼光看人，人就不是不可宽恕的。把人与事区分对待，才能从仇恨中解脱出来，不失人性的宽容。

事典

李百药论政

隋文帝时，李百药被授予东宫通事舍人之职，兼任东宫学士。

李百药才华横溢，朝中官员和他在一起都会自惭形秽。于是，一些嫉妒他的人便对隋文帝说：

“李百药虽有才华，但他只知卖弄，全不将学识用于效忠国家。他常嘲笑挖苦别人，我们很难和他共事。”

隋文帝据此责问李百药。李百药说：

“别人批评我，必然有他们的道理，我不想为此和他们起纷争。陛下自有判断，臣不敢多言。”

隋文帝见李百药不加辩驳，以为他默认了别人的说辞，于是疏远了他。

李百药的好友替他着急，问他：

“嫉妒你的人无端攻击你，你为何不向皇上申辩呢？他们这样诬陷你，你该无情地反击他们，怎能沉默呢？”

李百药笑道：

“因为他人的才华而感到压抑，这是官场中的常事，所以我恨他们也是枉然的，不如宽恕他们吧。他们为了升官发财，总要打击和排挤有才华的人，这说明我不该滞留官场了。”

李百药于是称病请辞，离开了朝廷。

唐太宗时，李百药被太宗征召入朝，做了中书舍人。

一次，李百药因不徇私情而得罪了一位大臣，被他诬告贪赃枉法。唐太宗问李百药说：

“朕知道你很清廉，不该有受贿的事，但是既然有人控告，朕就得查明真相。你有何要解释吗？”

李百药摇头道：

“我无话可说，只请陛下严查。”

后来情况查明，唐太宗十分生气，想要惩办那位大臣。这时，李百药却为那位大臣求情说：

“诬陷他人确是可恨之举，但诬陷臣的人一定是对我不了解，所以才会做出这种事。我这个人毛病不少，与人缺少沟通便是其一，如果我能多与他人交往，此事就不会发生了。因此，臣恳请陛下不要责罚诬陷我的人。”

唐太宗感叹说：

“你的恕人之心可谓大矣，朕焉能不成全你呢？”

不久，李百药升任礼部侍郎。

当时，朝廷讨论分封诸侯之事，拥护和反对的人都大造声势，互相攻击。李百药没有加入这场论战，他劝别人说：

“讨论问题若伤及个人，就无助于解决问题了。你们可以坚持己见，不应该互相交恶，形成对立。”

李百药对问题有自己的见解，他给唐太宗奏上一篇《封建论》，其中说：

“臣以为，汉、魏以来，各种弊病不断增加，文人热衷于审察时势、称霸天下的权术，武将迷恋于战场上的彼此争夺。人们日益诡诈，世风浅薄浮华，这都是人们失去了仁恕之道的缘故。不能宽恕他人，争权夺利的事会更加残酷，人与人之间的关系就会日益疏远。陛下此时不宜分封诸侯，否则只能加剧人们的争功求胜之心，人为地制造动荡。”

唐太宗把李百药的奏疏交与群臣讨论。有人马上质疑道：

“分封诸侯乃是朝廷治国大策，和仁恕之道并无太大的关联。李百药以此设论，否定分封，实为不当。”

唐太宗待群臣把话说完，才高举李百药的奏疏说：

“李百药以仁恕论政，反对分封，他的分析令人信服啊！如果不讲仁恕，人们只会争斗不止，使国家动荡。依此看来，分封断不可行！”

唐太宗从此不议分封诸侯，避免了决策上的重大失误。

原文

富而怜贫，莫损其富。

译文

富人怜惜穷人，不会减少他们的财富。

释评

为富不仁者大有人在，他们的仁恕之心淡漠了，对穷人表现出的是可憎的苛刻与绝情。若富人站在穷人的对立面，那他们的冷酷只会加深穷人对富人的仇视，这无疑是自毁根基，增加隐患。历史上的为富不仁者终归覆没，便是很好的佐证。因此，怜惜穷人其实是富人对自己长远利益的必要保护。

事典

千夫所指的董其昌

明朝的董其昌精于书画，颇有名声。他官至南京礼部尚书，仕途也很顺利，但他道德败坏，为富不仁。

董其昌利用职权贪赃受贿，并且还怂恿儿子们欺压百姓。他对儿子说：

“我们之所以富足，是因为父善于在穷人身上捞取钱财。我们千万不可同情穷人，否则，也会变成穷人。”

松江有位秀才叫洪道泰，家中有些钱财。董其昌的儿子董祖常想侵吞他的财产，便和董其昌商议。董其昌告诉儿子说：

“洪道泰这个人很正派，首先必须拉他下水。一旦他染上了吃喝嫖赌的毛病，我们就不愁没有机会下手了。”

董祖常百般刁难洪道泰，一次，他竟命打手把洪道泰按在地上往其嘴里灌酒。洪道泰又恨又怕，只好主动献上大部分家财，这才没有遭到董家父子的进一步迫害。

董家父子为害乡礼貌，有人曾劝董其昌道：

“你知书达礼，富甲一方，本该感谢上天的护佑，为百姓造福。你现在的作为令人指责，不是保家兴业之道啊。”

董其昌大笑说：

“富贵在天，有上天护佑便足够了，我是不会讨取穷人欢心的。我不在乎他们骂我，他们能奈何我？”

董其昌变本加厉，百姓对他恨之入骨。华亭县有位说书人名叫钱二，他把董家父子的丑行编成了《黑白传》一书，四处传说。董其昌听说后把钱二抓来，逼他说出幕后的主使。钱二说：

“我说的事人人皆知，并不是我胡乱编造，要怪只怪你们父子不仁不义。”

董其昌更加恼怒，命打手们严刑拷问钱二。最后，钱二忍受不了酷刑，胡乱指认是秀才范昶指使他编写的。

董其昌又想抓捕范昶。他的一位弟子劝阻道：

“此事不宜扩大，否则只会引起众怒，让更多的人指责大人。大人才高位显，不必和一个说书人争长短啊。”

董其昌痛骂了弟子，随后把范昶抓来，逼其跪在地上和钱二对质。范昶不堪其辱，几天后竟一病不起，随即含冤而死。

范母悲恸欲绝，到董家讲理，董其昌却指使打手殴打范母，并对她百般凌辱。此事过后，松江府的大街小巷都有写满董家父子罪恶的传单流传，当地百姓同声咒骂，不绝于耳。

董其昌倚仗权势，要求当地官吏追查写传单之人。一位官吏怯怯地说：

“所谓众怒难犯，大人若是不肯罢手，恐怕事情难以控制。”

董其昌蛮横道：

“我向来不怕众怒，这里是我的天下！”

官府的衙役四处搜捕，更加激怒了当地百姓。松江府所辖的松江、上海、青浦三县的秀才们联合起来，到府县衙声讨董家父子，为范昶喊冤。

不久，范母含恨而死。痛恨董家父子的数万百姓齐聚董府门前，让董其昌出来谢罪。董其昌不敢露面，他的弟子劝他说：

“大人若能诚心认错，相信人们不会为难大人。他们满腔义愤，大人不给他们一个交代的话，祸不可解啊！”

董其昌面如土色，仍想逞凶吓退众人。他命令打手们死守大门，对靠近之人掷以砖头瓦块。百姓愤怒不已，潮水般地冲破阻拦，撞开大门。他们把董府砸得千疮百孔，随后又放火焚烧。一夜之间，雕梁画栋的董府便化为了灰烬。

原文

贫而助人，堪脱其贫。

译文

穷人帮助他人，可使自己摆脱贫穷。

释评

穷人更能体谅他人的难处，从而伸出友爱之手。艰难的日子需要爱心支撑，摆脱贫穷不是靠极端自私便能做到的，六亲不认、无情无义只能使穷人走向绝路。穷人的每一次付出尽管艰难，但它有闪光的一面，能照亮自己，更能照亮世人。

事典

萧何的扶危济困

萧　何

“汉初三杰”之一，秦末辅佐刘邦起义，为刘邦的重要谋臣。建汉后，萧何重新制定律令制度，又协助高祖灭异姓诸侯王，被拜为相国。高祖崩，辅佐惠帝，惠帝二年（前193）卒。

镜　鉴

慧眼和善心皆具，方得遇贵人。

萧何在沛县做县令的下属小吏时，并不富裕，常常为生计发愁。

一次，一位同僚向萧何借钱，萧何把仅有的八百钱借给了他，而自己却过着上顿不接下顿的生活。更惨的是那个同僚后来赖账，拒不承认借过萧何的钱。萧何虽然生气，但还是放过了同僚。他对别人说：

“我也是个穷人，我知道穷人的痛苦，想必是他还不起钱，才不要脸地赖账啊。”

有人对萧何说：

“那个人赖账不还，便是个骗子，你不去告发他，岂不是便宜他了？这种人不讲良心，你何必同情他呢？”

萧何笑道：

“我要回八百钱也不会变得富裕，不如接济他好了。这件事如果惊动官府，那么我们这些做小吏的更会让人看轻啊。”

萧何精通法律条文，执法严格，但从不恃此伤害别人。他尽可能地为别人减轻处罚，还时常告诫犯法的人说：

“你们也许出于无奈才会犯法，但国家法律无情，我爱莫能助啊。我不会虐待你们，只要你们肯认罪，我会尽力为你们辩护。我也希望你们以后不要再犯。”

萧何和刘邦结识时，刘邦还是一个平民百姓。几次交往过后，萧何认为刘邦谈吐不凡，胸有大志，于是倾心帮助他。

有人见萧何和刘邦交往甚密，私下告诉他说：

“刘邦既穷且刁，有人称他是个无赖，你为这样的人出力，值得吗？当心有一天他会连累你啊。”

萧何生气道：

“这只是你的看法，我却不这样认为。刘邦虽穷，可与我情趣相投，为什么不能成为朋友呢？再说我也不比他强多少，我没有理由瞧不起他。”

刘邦担任亭长后，萧何第一个向他表示祝贺。刘邦感激地对萧何说：

“我只是一个草民，难得你还如此关爱我啊。”

萧何连连摆手道：

“我这个小吏一文不值，你千万不要自贬，我们是应该互相帮助的。”

二人饮酒畅谈，直到深夜。说到将来的打算，刘邦茫然道：

“我无才无能，填饱肚子尚且不易，我是没有指望了。”

萧何大声说：

“天下英雄绝不是那些只会读书之辈，像你这样放荡不羁、敢想敢干的人，在我眼里最有可能成为天下英雄。”

刘邦眼中含泪，哽咽说：

“能交下你这个朋友，我死而无憾了。”

萧何略带醉意说：

“你成为天下英雄，我也不会只是个小吏了，我们共勉吧。”

一次，刘邦带人到咸阳服徭役，因为盘缠不足，十分苦恼。刘邦四处向人借钱，却很少有人帮助他，最多的也只借他三百钱。萧何听说这件事后，急忙拿出五百钱送给刘邦。他的同僚说：

“你自顾不暇，没有必要帮助与你非亲非故的刘邦。你不去讨好上司，反而结交穷汉，这不明显吃亏了吗？”

萧何认真道：

“讨好上司令人不齿，纵有好处我也不会做。刘邦是我的朋友，我是真心实意地帮助他，这不是吃不吃亏的事。”

刘邦得萧何相助，感动得不知说什么好。他拉着萧何的手说：

“大恩不言谢，我刘邦若有发达之日，定要报答你。”

后来刘邦起义，委任萧何为相。刘邦当上皇帝后，虽对萧何有过猜疑，但念及旧情，始终不肯加害于他。萧何辅佐刘邦，成了一代名相。

原文

人不恕吾，非人过也。

译文

他人不宽恕我，不是他人的过错。

释评

向他人乞求宽恕不是宽恕的真义，宽恕不能硬索强要。有些人总是指责他人严苛，而从不反省自己的态度。这样下去，势必使自己心态不正。让自己真正宽容起来，修养才会不断提升。

事典

不求理解的顾宪成

明万历十五年（1587），在朝为官的顾宪成因仗义执言，被人诬陷，后又被贬出朝廷，任桂阳州的判官。

顾宪成离京之时，好友为他感到可惜，劝他说：

“你爱打抱不平，因此才遭到贬官，以后要改一改了。”

顾宪成道：

“我并没有错，无须要改。我也不怨恨那些诬陷我的人，你们放心好了。”

好友惊问：

“弹劾你的人居心叵测，使你蒙难，你不恨他吗？”

顾宪成回答道：

“世有奸邪，我追求君子的作为，必然会招致他们的反对。他们攻击我是正常的，我难道还要求得他们的理解吗？”

后来，顾宪成又入朝为官，任吏部考功清吏司主事。从前反对他的人向他示好，顾宪成设宴款待他们。在宴席上，顾宪成坦诚地对这些人说：

“我和你们不是同路人，不过并不妨碍我们饮酒作乐。人生苦短，我只担心自己修养不够，并不把不愉快的事放在心上。”

这些人并不领情，挖苦说：

“你太清高了，否则也不会被贬受罪，难道世上只有你一人是君子吗？”

顾宪成不加争辩，只道：

“今日只饮酒，不言事。”

顾宪成不改直言的秉性，不久又有许多人对他不满了。他的好友怕他再受挫折，劝说：

“你应该吸取从前的教训，不可再犯啊。你能宽恕别人，别人却不能宽恕你，这样岂不是对你不利吗？”

顾宪成道：

“我只求自身高洁，别人不宽恕我是他们的事，我不能和他们一样。当官不可丢掉良心和信仰，否则我宁肯弃官不做。”

顾宪成不肯随波逐流，终因违逆神宗旨意，再次被赶出朝廷。

顾宪成没有沮丧，他回到家乡对弟弟顾允成说：

“怨恨别人不如充实自己，我想在东林书院讲学，你愿意和我同往吗？”

顾允成担心道：

“你刚被罢官，如果此时讲学招徒，那么是否有人会借此生事呢？这件事还要慎重考虑，以后再议吧。”

顾宪成教训弟弟说：

“一个人如果只为别人活着，那便意义不大了。我们要做出一番事业，就不能看别人的眼色，何况传道授业乃圣贤之学，岂可不为呢？”

顾允成被兄长说服，于是和他一起主持东林书院。

当时，士大夫中有许多见解与朝政不同的人，他们退居山林，听说顾宪成操办东林书院，一时纷纷前来。顾宪成讲学之余，喜欢与人讨论朝政。他对弟子们说：

“在京城为官，志不在君父；在边疆为官，志不在民生；于水边林下，志不在世道。君子无所取。”

顾允成恐慌地对顾宪成道：

“你在这里议论朝政，若是让朝廷得知，恐怕会担上罪名。讲学不要涉及朝政，否则会对你有害啊。”

顾宪成没有听从弟弟的劝告，他说：

“我并无异志，何须害怕？我相信我们的讨论对朝廷有利。”

东林书院名声大震，忌恨顾宪成的人也多了起来。但面对他们不断的反对声，顾宪成始终不为所动，至死都没有改变主张。

原文

吾不恕人，乃吾罪矣。

译文

我不宽恕他人，是我的罪过。

释评

在仁恕的问题上，严于律己大有益处，这能使自己变得更真诚、友善，让自己剔除世俗的虚伪和功利，赢得人们的真正敬重。每个人都应先从自我做起，而不该一味抱怨处境的恶劣。如果每个人都能严格要求自己，善待他人，处境便会随之改变了。榜样的力量是无穷的，信奉仁恕之道的人不仅能感染他人，更能改变他人。

事典

赵抃以身作则

宋仁宗时，赵抃任宜州通判期间，州内发生了一桩杀人案。凶手很快落网，被判了死刑。

行刑的日期未到，凶手却得了重病。赵抃闻报后对属下说：

“凶手虽罪大恶极，但他已判死罪，得到了严惩。如今他死期未到，我想还是要救治他，以示仁爱之心。”

属下齐声反对道：

“将死之人，何必浪费官府的钱财呢？”

赵抃于心不忍，痛声说：

“这不是简单的救治问题，而是在考验我们每个人的善心啊。凶手也是人，在他未死之时，我们不该见死不救。我们不能漠视生命，不尊重他人，否则便会日渐无情了。”

属下被赵抃说服，一致同意派大夫为凶手诊治。凶手的病治好了，到了行刑的日子，凶手跪谢赵抃说：

“大人对我犹存怜爱，可见大人是至善至仁的人。我悔之不及，只待来生好好做人，以报大人的宽恕之恩。”

当地百姓听说此事，都感动得流下眼泪，纷纷传颂赵抃的仁慈。一些作恶的人也收敛了不少，有的竟主动向官府自首。

赵抃在任泗州通判时，濠州太守中饱私囊，激发了濠州的兵变。朝廷派赵抃前往濠州稳定局势，有人给他出主意说：

“造反是天大的罪名，朝廷决不容忍。虽说兵变是因濠州太守贪婪而引起，但那些叛军一定要镇压，大人不要听他们狡辩。”

赵抃道：

“我还是主张少杀人，造反的官兵若无苦衷，怎会铤而走险呢？”

到了濠州，赵抃首先调查事情的来龙去脉。一待情况查清，马上逮捕了太守和他的帮凶。对于造反的官兵，赵抃决定一个都不抓，还贴出告示：

“此次事变，皆因太守贪婪而起，朝廷以仁义治天下，自然不能任由恶吏横行。现在太守已被拘捕，参与事变的官兵可赦无罪。”

对于赵抃的大胆决定，不少官员表示反对意见，说：

“造反的官兵如不惩治，朝廷的威严何在呢？你这样一句话便开释了他们，恐怕朝廷要降罪啊。”

赵抃劝导官员说：

"兵变并没有造成严重的后果，如果严惩官兵，那么后果便很难预料了。我同情官兵的遭遇，我们不能为了取悦朝廷而出卖自己的良心。"

赵抃的举措使愤怒的人们平静下来，濠州的兵变一下平息了。

熙宁八年（1075），吴越大旱，颗粒无收，时为右谏议大夫的赵抃奉命前往吴越救灾。到了吴越，赵抃召集当地官员说：

"我们身为朝廷命官，平日养尊处优，很少关心百姓的疾苦。现在百姓挣扎在死亡边缘，我们该奉献出自己的爱心了。如果做不到这一点，那么我们连做人的资格都没有，又何能做官呢？我要求你们全力以赴，不能有任何的借口。"

在赵抃的督导下，当地官员未有不尽力者。他们说：

"赵抃为救灾民，拿出了自己的全部家资，他能以身作则，我们还敢懈怠吗？"

吴越的天灾虽严重，但经过赵抃的努力，灾民们都得到了妥善的安置。

赵抃有一个习惯，那就是每天晚上都要烧香祷告一番。有人问他为何这样做，赵抃说：

"我把白天的所作所为禀告给上天，这样我才能安心。"

问他的人感到疑惑，道：

"上天不一定能听到你说的话，这样做有什么用呢？"

赵抃严肃道：

"我担心自己失去仁恕之心，才向上天祷告，让上天监督我啊。如果一些事连自己也说不出口，那这些事就是不该做的，而我也必须改正了。"

弱胜卷 第九

名弱者，实大用也。致胜者，未必优也。

弱而人怜，怜则助。劣而人恕，恕则幸。庸而人纳，纳则遇。

以贱为耻，其人方奋。以绌为憾，其人乃进。无依者自强，势所迫焉。

贤以义胜，义不容恶也。忠以诚归，诚不输奸也。

本卷精要

· 强大处下，柔弱处上。

· 坚强者死之徒，柔弱者生之徒。

· 进取心是上天对普通人的无形褒奖。

· 弱者更应诚心对人。

原文

名弱者，实大用也。

译文

被人称为柔弱的东西，实际上是大有用处的。

释评

多数人排斥弱小，但这并不能说明他们是正确的。而少数大智慧者对柔弱的推崇，则应该引起人们的反思和重视。老子说：柔弱胜刚强；强大处下，柔弱处上；故坚强者死之徒，柔弱者生之徒。只要人们“弱”而不自卑，善用其“弱”，“弱”的威力便显现了。

事典

诈降的张献忠

张献忠

明末起义军领袖。崇祯三年（1630）参加农民起义军，因英勇善战脱颖而出，曾建立大西政权。清顺治三年（1646）在与清军战斗中中箭而亡。

镜　鉴

如能将弱点妥善利用，也可发挥作用。

明崇祯十一年（1638），分散在全国各地的反明义军屡遭重创，损失惨重，形势对义军极为不利。

张献忠领导的义军被明总兵左良玉击败，张献忠负伤退守谷城，处在官军的重重包围之中。

性情火爆的张献忠十分惊恐，他召集众将说：

“我军身陷绝地，兵力大减，内无粮草，外无救兵，看来是凶多吉少了。现在保命要紧，你们说说自己的见解吧。”

众将胆战心惊，生怕张献忠怪罪，一时无人敢言。

张献忠以残暴闻名，此时却凶不起来了，带着哭腔道：

“大难临头，我心绪烦乱，实在想不出好的计策啊！”

众将听后，也禁不住抽泣起来。悲情之中，一位将领说：

“官军对我们恨之入骨，他们是不会放过我们的，与其困守被杀，不如拼死抗敌，或能杀出重围，获得一条生路。”

张献忠哀声不止，说道：

“你说的完全行不通，若能突围，我也不会如此伤心了。”

众将见素来善战的张献忠都深陷绝望，更感祸不可除，不觉心中惶惶。

一位中年将领越众而出，大声道：

“死中求活，并不少见，主公不必太气馁。”

张献忠止住哀声，问他：

“我军处处破败，这样一支弱旅实难胜敌，难道你有什么妙计？”

中年将领回禀道：

“以属下看来，我军既为弱旅，当在‘弱’上动脑筋。”

张献忠不解其意，困惑道：

“我正因我军弱小而烦恼，你的想法太古怪了。”

中年将领接着说：

“从前主公强盛之时，只知猛冲猛打，无所畏惧，结果引起朝廷的注意，被朝廷全力围击。现在我军大不如前，如能派人向朝廷诈降，诉说我军的困境，相信朝廷一定会放过我们。一旦我们诈降成功，以后的事情就好办了。”

张献忠无计可施，只好听从了中年将领的建议。他派人携带重金拜见官军中的陈洪范总兵，提出了归降的请求。

陈洪范问来人说：

“张献忠归降，我哪里知道他是真是假呢？”

来人赔笑道：

“张将军人马残缺，兵无斗志，陷于重围，这都是他的弱点，他凭什么敢与官军抗衡呢？我不说大人也会明白，张将军此刻求降，只是为了保全性命啊。”

陈洪范思之有理，于是接受了重金，向他的上司熊文灿禀报了此事。

熊文灿一向主张以“抚”代“剿”，他听过陈洪范的汇报后，心中暗喜，但仍有疑虑，问道：

“张献忠极其强悍，狡诈过人，我实难相信他会轻易投降。你有把握吗？”

陈洪范回答道：

“下官也曾怀疑，不过仔细想来，下官以为张献忠是真的想归降。他现在穷途末路，不能战，不能逃，又怕死，除了投降，还有别的出路吗？正因为张献忠不傻，他才会为了保命而归降朝廷。”

熊文灿点头称是，接受了张献忠的归降。

张献忠诈降得逞，开始收拾残局，积蓄力量。第二年五月，重整旗鼓的张献忠再举义旗，声势更加壮大了。

原文

致胜者，未必优也。

译文

能获得成功的因素，不一定是人们所说的优势。

释评

历史上以弱胜强的事例屡见不鲜，这些事例说明：在胜利面前，强弱是平等的，胜利女神并不会拒绝弱者。影响胜局的“弱”，人们对它一定要给予重视。许多人没有信心获取胜利，正是因为他们对取胜的要素认识不清。他们迷信强大与优势，不识“弱”和“劣”的作用。不改变这种思想，“弱”就难以发挥作用了。

事典

公子光的劝慰

公子光

又称阖闾，春秋时期吴国第二十四任国君。阖闾为公子期间，多次参与吴楚之间的战争。

镜　鉴

抓准转瞬即逝的战机，才能以弱胜强。

春秋时期，吴国和楚国相争，双方战事不断。

吴王僚八年（前519），吴军进攻州来，楚国召集顿、胡、沈、陈、许、蔡六国之军，会师鸡父，准备救援州来。

统率吴军的吴王僚得知此讯，急召手下将领说：

“楚联合六国之军，兵力强大，我们该如何迎敌呢？”

众将担心两面受敌，一时皆有惧色。吴国公子光见众将怯战，便对吴王僚道：

“楚军会诸侯之师，不仅声势浩大，而且实力远在我军之上。我们不能和楚军硬拼，还是暂避其锋芒吧。”

吴王僚于是解除了对州来的包围，把部队撤退到了钟离。

吴王僚到了钟离，心里仍不安稳，对公子光说：

“楚军强大，我军和它相比，力量悬殊，不如再后撤一些，以保安全。”

公子光笑道：

“大王勿惊，我军后撤并不是为了逃跑，而是要寻机歼敌，怎能再撤呢？”

吴王僚泄气地说：

“眼下的形势敌强我弱，不用打已可见胜负了。”

公子光摇头道：

“强大的一方不一定是胜者，否则弱者早就灭亡了。楚军自恃强大，定会轻视我们，这样我们就能抓住战机了。”

楚军向钟离开来，带病挂帅的楚国令尹途中病情加重，死于军中。继任的统帅威望不高，诸侯军都不愿听从他的命令。于是，楚军和诸侯军不战而退了。

吴王僚听说楚军退去，高兴地说：

“我之前担心会败给楚军，看来是我多虑了。如今楚军既退，我们也撤回吧。”

公子光急忙阻止道：

“战机就在眼前，岂能放过呢？大王当发令追击啊。”

吴王僚忧心地说：

“楚军只是后撤，实力丝毫未减，攻击它只会自取其辱，还是慎重为上。”

公子光高声道：

“楚军撤退，已说明楚军内部已乱，他们不敢言战了。诸侯军都是受楚国胁迫而来，他们不会真心为楚国卖命的。大王不该只看到他们兵马多的一面，也该看到他们战斗力不强的一面。我军虽弱，但万众一心，如果采用奇袭的方式，一定可以取得胜利。”

吴王僚采纳了公子光的建议，下令追击楚军。楚军一路溃逃，逃到鸡父后才缓过神来。

吴王僚担心会中楚军的埋伏，于是不再追击，对公子光说：

“我军孤军深入，当见好就收。鸡父乃楚国要塞，不可硬攻啊。”

公子光道：

“楚军也深知大王所虑，他们肯定以为我军不敢再进攻了。所以我军正可攻他个出其不意，必有胜算。”

吴王僚被说服，公子光又建议第二日进攻。吴王僚反对说：

“明日乃是晦日，不宜用兵，还是择一吉日吧。”

公子光道：

“晦日进攻，楚军一定疏于防范，这反而对我军有利。我军志在获胜，何必计较晦日不晦日呢？”

第二天，吴军全线进攻，果然大败楚军。

原文

弱而人怜，怜则助。

译文

弱者令人同情，被同情就是强大的助力。

释评

人们的同情心是偏向弱者的，这对弱者来说，是一笔无形的资产。弱者尽管会受到一些人的冷眼，但大多数好心人会同情弱者、关爱弱者，所以说弱者并不孤立。当人们共同关注弱者时，弱者就不会悲观绝望，也不会孤立无援，其所能获取的鼓舞和力量是无穷的。

事典

为父申冤的王世贞

王世贞

明代大臣，嘉靖二十六年（1547）进士，授刑部主事，官至南京刑部尚书。其文学成就卓越，与李攀龙同为“后七子”首领，倡导复古。

镜　鉴

示弱以获取他人怜悯，可以变相增强自己的力量。

明朝嘉靖年间，严嵩专权，不屈服于他的人都会受到他的打压。

当时，任刑部侍郎的王世贞性情直率，并不畏惧严嵩。他对朋友说：

“我乃进士出身，向来厌恶献媚，我看文武百官无不巴结严嵩，丑态百出，我真替他们感到羞耻啊。”

朋友忙道：

“隔墙有耳，岂能乱言呢？和严嵩相比，我们人微言轻，不可逞强，否则我们势难立足。”

王世贞才高气傲，决心打击严嵩的气焰。

不久，有个姓阎的人犯法，藏在都督陆炳的家中，逃避追捕。王世贞得到密报后，准备去抓捕他。陆炳是严嵩的同党，他听说王世贞要采取行动，赶来向王世贞求情说：

“严阁老和我交情不浅，你看在他老人家的面子上，放过我的朋友吧。这只是你一句话的事，不会难为你的。”

王世贞见他提及严嵩，更加生气，嘲笑说：

“你既然和严嵩交好，应该求他，何必求我呢？我主管刑狱，天子犯法也要追究，何况是你的朋友呢？”

王世贞把姓阎的人逮捕归案。陆炳又气又怒，把此事报告给了严嵩，又借机鼓动严嵩报复王世贞。他说：

“王世贞不把大人放在眼里，大人不给他点教训，百官也许以后不会再孝敬大人了。”

严嵩脸色铁青，冷笑道：

“王世贞既能秉公执法，我也不妨秉公办事了。”

不久，严嵩以办事不力为名，把王世贞贬出朝廷，让他任青州兵备副使。

王世贞心犹不服，不时上书攻击严嵩。严嵩更生忌恨，暗暗记下。

后来，王世贞的父亲王忬因为滦河战事失利，被严嵩借机陷害。严嵩不但定了王忬的死罪，还迫使王世贞解职。突遭大祸，王世贞的弟弟王世懋埋怨哥哥说：

“兄长以微弱之躯和严嵩相抗，这是你的最大错误啊。现在父亲获罪，生机渺茫，我们该怎么办呢？”

王世贞只是哭泣，难以言语。

王世懋说：

“我们弱小无依，看来只能四处求助，赢取众人的同情，这样或许还有一线希望。”

王世贞起初不肯，说：

“严嵩为人歹毒，他是不会饶过父亲的。百官畏惧严嵩，生怕和我们扯上关系，向他们哭求也是无用。”

王世懋说：

“我们兄弟纵是救不了父亲的性命，也会惹人生怜，使更多的人知道真相。一旦严嵩倒台，同情我们的人一定会站在我们一边，我们也可借此为父亲申冤了。”

王世贞不再固执，于是二人在城中长跪道旁，拦住众官员的车马，叩首请求解救他们的父亲，哭诉不止。

兄弟二人又跪在严嵩门前，哭求他饶父亲一命。严嵩表面上安抚二人，最后仍是把王忬处死了。

兄弟二人哀号欲绝，人们无不哀怜他们。

严嵩垮台后，兄弟二人便向朝廷申诉父亲的冤屈，控告严嵩的罪恶。当年同情他们的人这时没有了顾忌，纷纷助其申冤。在众人的声援下，朝廷很快为王忬平反昭雪，王世贞也被征召入朝。

原文

劣而人恕，恕则幸。

译文

处于劣势者能被人宽恕，被宽恕就是难得的幸运。

释评

在正常的情况下，如果对手的实力太弱，完全处于劣势，那么人们是不会和他计较的，也会选择宽恕他。劣势明显的人很难刺激起人们的攻击欲望，这就为他们赢得了免遭重创的有利局面。

事典

王允的“怯懦”

东汉末年，年轻的王允在太原郡为吏。当时，当地恶霸赵津专横放肆，王允出于正义，请求太守刘踬说：

“赵津如此作恶，如果得不到惩戒，那么太守的威严就荡然无存了。为民除害是太守的职责，太守不能坐视不管。”

刘踬感到为难，说：

“赵津交结宦官，想要惩戒他不是一件易事啊。”

刘踬没有答应，王允顿感失望。一日，王允和好友提及此事，不满道：

“太守生怕遭祸，放纵恶人，他不是为民做主的好官。”

好友反驳说：

“刘踬并不是像你说的那样，他是有顾虑啊。赵津和宦官来往密切，而宦官又掌握朝中大权。刘踬惩戒赵津，必然会得罪宦官，这样他就危险了。宦官也许不会和你这样的小吏计较，但他们一定不会放过刘踬。刘踬身为太守，宦官岂能容忍一个和他们作对的人担此重任呢？你考虑得太少了。”

王允不同意好友的见解，坚持游说太守。

刘踬渐渐被王允说服，便下令把赵津抓捕入狱，后判其斩刑。

赵津的兄弟给宦官送去重金，请求为赵津报仇。宦官于是诬告刘踬滥杀无辜，结果刘踬被朝廷处死。

王允悲痛万分，对好友说：

“你从前说的话是正确的，太守之死我也有责任，我对不起他啊！”

王允把刘踬的尸体送回其家乡平原郡，并在那里待了三年，为刘踬看护坟墓。经过此事，王允的性情改变许多，他为人处世更加谨慎了。

后来，王允在朝中做官，中常侍张让忌恨他，捏造罪名把他打入狱中。

司徒杨赐认为张让不会放过王允，竟劝王允自杀，说：

“张让凶恶奸邪，与其受尽酷刑而死，不如自尽解脱。”

王允叹道：

“我是皇上的臣子，怎能轻易自杀呢？我现在不想申辩，也不跟张让争斗，只求保下命来为朝廷做事。”

张让天天命手下报告王允的一举一动。手下对张让报告说：

“王允现在不吵不闹，完全丧失了斗志。他也没有说大人一句坏话，反是说自己有罪，不该冒犯大人。”

张让心里分外得意，笑着说：

“王允不知进退，现在尝到苦头了。他活该倒霉啊。”

张让对王允的恨意渐消，这时为王允求情的人便说：

“大人惩治王允，无非是发泄愤恨，警诫百官。如今王允变成了行尸走肉，百官也已知惧，大人的目的全然达到，何必杀王允呢？留下他倒能显出大人的仁德。”

后来，王允得到他人求情，幸免于难。

董卓乱政时，王允装得十分老实，对董卓言听计从。有人说他没骨气，王允说：

“董卓势倾朝野，只有怯懦无骨的庸人才能逃过他的毒手。我想生存下来，干番大事，就不能和他公开对抗啊。”

王允表现得如此不堪，董卓反把事情交给他处理。有人不解道：

“王允并不是大人的心腹，大人为何器重他呢？”

董卓卖弄道：

“他这个人无依无靠，又听命于我，任用他才不会有麻烦产生。这是高明的用人之道，你是不懂的。”

后来，王允暗中交结董卓的部将吕布，让他做内应，一举诛杀了董卓。

原文

庸而人纳，纳则遇。

译文

平庸者能被人接纳，被接纳就是难逢的机遇。

释评

人们苦苦追寻的机遇，很多时候却被平庸者得到了。平庸者缺少野心，为人低调，这都是人们容易接受他们的原因。相反，能力卓著者的才智有时让人望而生畏，疑虑难消。平庸有时是制胜的关键，在能者相争相害时，没人在意的平庸者往往幸存下来，成为受益者。

事典

力排众议的刘文静

隋朝末年，太原留守李渊起兵造反。

当时，李渊的势力并不强大，手下的兵将不过三四万人，还经常受突厥骑兵袭扰，而且城内也不太平，常有盗寇出没。

李渊为此忧心，对属下刘文静说：

“如今群雄并起，天下大乱，而我势单力孤，我担心不能成事啊。”

刘文静道：

“主公说的是实情，但这不是我们不能成功的理由。只要我们举措得当，攻守得法，相信主公一定能夺取天下。”

李渊心中不安，说：

“想要号令天下，必须西入关中，而太原又丢失不得，实属两难。”

刘文静思考片刻，进言道：

“我军入关，没有太多的兵力留守太原，唯一的办法是和突厥议和。主公可答应多给突厥金帛，这样便能安抚住他们了。”

李渊于是亲自给突厥的始毕可汗写信，与突厥约定，占取的土地归李渊，而金银财宝全都给可汗。始毕可汗很快回复说，李渊必须自立为天子，否则不予相助。

突厥的要求令李渊感到意外。李渊的属下听了更是欢欣鼓舞，对李渊说：

“强大的突厥希望主公成为天子，这是天大的好事啊。我们力量弱小，正愁没有强大的外援，如今突厥主动相助，天下群雄听了一定畏惧，我们可以大胆进军了。”

李渊心中窃喜，放言道：

“突厥兵能征善战，我军结此强援，真是如有天助了。”

李渊准备答应突厥所请，不想刘文静表示反对，说：

“主公若此时称帝，定会招来朝廷和群雄的共同打击，主公有获胜的信心吗？”

李渊想了一下，摇头道：

“我军和朝廷对抗尚且不济，何况天下群雄呢？”

刘文静接着说：

“主公称帝就会成为众矢之的，因为此举把主公的野心暴露无遗，朝廷和群雄肯定会视主公为敌。主公的实力既然有限，就该固守平庸，不图虚名，稳步发展。这样谁都可以接纳主公，主公也不会招致重点围攻了。”

李渊不情愿地道：

“话虽如此，但我军终要与群雄一战，我担心这样会失去突厥的强援啊。”

刘文静说：

“突厥只贪钱财，并无长远战略，主公不必为此忧心。”

李渊就刘文静的建议与属下商议，属下反对者居多。他们说：

“主公造反，就是要称霸天下，不打出旗号，就难以召集天下英雄好汉，人们也会无所适从。突厥外援不可失去，称帝之举也不可缓行，主公不能失去良机啊。”

刘文静面对众人，大声道：

“你们这样做只会害了主公，也会害了自己。道理很简单，因为我们不是起自草莽，我们要依靠的是贵族和豪强，他们一向忠君，绝不容许有人推翻朝廷。主公如若称帝，他们定会誓死反抗。如此我们唯一的依靠都不存在了，接下来只有灭亡。”

众人从未想过这一点，听刘文静一说，立时醒悟了。刘文静见众人没有异议，才放下心来。

李渊于是拒绝了突厥的要求，只答应多送钱财，突厥最后也接受了。李渊接着打出“尊隋”的旗号，尊隋炀帝为太上皇，立留守关中的杨广之孙代王杨侑为新皇帝。

李渊的举措令朝廷和群雄放松了对他的戒备，朝廷也未把他视为大敌，并不主动围剿他。李渊乘机扩充势力，发展壮大，最后占据了天下。

原文

以贱为耻，其人方奋。

译文

把地位低下视为耻辱，人们才能奋发有为。

释评

在封建社会，地位低下是有志者难以接受的。他们不满现状，强烈希望能向高层次迈进。身处下层的人深知下层的辛酸，而养尊处优者是无法体会此中滋味的，这就决定了下层人士的上进心更强、更坚定，也促使了他们创造出比养尊处优者更大的业绩。

事典

张仪的恼怒

张　仪

战国末期魏国贵族后裔，曾随鬼谷子学习纵横之术，谋略诡谲，两度出任秦相，以连横之策助秦兼并天下，是战国时期著名的政治家、外交家和谋略家。

镜　鉴

安贫乐道之人是难以建立不世功勋的，不甘贫贱方有动力奋进。

战国时期，张仪和苏秦一同拜鬼谷子为师，学习权术。

张仪聪明颖悟，苏秦都自认赶不上他，鬼谷子却指出了他的缺点。一次，鬼谷子和他谈话，语重心长地说：

“你习惯无拘无束，不喜世俗。我担心你满足所学，而不为苍生尽力啊。”

张仪讨厌时政，对鬼谷子说：

“我学习乃兴趣使然，并不想当官弄权，这有什么不对吗？”

鬼谷子惆怅道：

“地位低下就要遭受欺侮，无官无位便不能学以致用，我们无法做到与世隔绝，你的想法是不现实的。”

张仪没有太多的体会，只是答应鬼谷子不做隐士。

张仪学业有成后，出山游说诸侯。一次，他和楚国相国一起饮酒，相国丢了一块玉璧，相国的手下便怀疑是张仪偷去的。他们对相国说：

“张仪又穷又贱，见了宝物岂有不动心的？这种人什么坏事都干得出来，因为他一无所有啊。”

相国认为有理，便吩咐手下把张仪抓来，喝令他交出玉璧。张仪叫屈说：

“我饱读诗书，明礼知节，绝不会干这无耻的勾当，你们冤枉我了。”

相国的手下不听他的申辩，仍令他交出玉璧。张仪疑惑道：

“你们一口咬定是我偷了玉璧，可有证据吗？”

相国手下人说：

“这件事不需要证据，凭你是个贫贱之人便足以证明了！只有贫贱之人才会干这种事！”

张仪气得险些晕倒。他被打了几百鞭子，仍没有承认。最后，被折磨许久的他才得以释放。

张仪回到家中，对妻子说：

“从前我对贫贱不以为意，只想安享快乐，今日受辱后，我才知道贫贱的可怕！这件事让我得到深刻反省，以后我要振作有为了。”

张仪决心求取功名，于是来到赵国，求见他当年的好友苏秦，想请他扶持。

苏秦此时担任赵国的相国，正担心向东挺进的秦国会打到赵国来。他听说张仪来投，不禁喜上眉梢，对自己的属下说：

“张仪的才能在我之上，我有一计激他入秦，让他掌握秦国大权，进而避免秦国攻打我们赵国。你们要从中配合我。”

张仪递上名帖求见苏秦，苏秦的属下借故推托道：

“相国为国事奔忙，今日无法抽身，你还是明日再来吧。”

第二天，苏秦的属下见张仪又至，便赔笑说：

“相国已知你来，只是他今日无暇招待你。”

张仪心中不是滋味，心里怪苏秦无礼。他忍耐几日，终于见到了苏秦。

万万想不到的是，苏秦召见他时，竟然让他坐在堂下，还用仆人吃的饭食招待他。

未待张仪开口，苏秦便居高临下地教训道：

“你这个人自恃有才，为什么竟沦落到如此的地步呢？你自甘贫贱，便不能怪我如此相待，你还是自寻出路吧。”

张仪受尽羞辱，恼怒异常，发誓要出人头地，于是前往秦国。张仪竭尽全力，在苏秦的暗中帮助下，成功当上了秦国的相国。后来，张仪得知了当初苏秦羞辱他的用意，便许诺在苏秦当权时不攻打赵国。

原文

以绌为憾，其人乃进。

译文

把自己的不足视为遗憾，人们才能不断进取。

释评

人不能总是自我陶醉，在与别人的比较之中，才会看到差距，找出不足。弱者和强者的差距是客观存在的，弱者只有正视自己的不足，不甘人后，才能奋发上进，加倍努力。强烈的反差往往是最有力的推进器，也是最有效的清醒剂，它督促人们不要顾影自怜，更不要停下脚步。

事典

求进的郑庄

西汉景帝时，郑庄年轻官小，只为太子舍人。

郑庄才学不高，但喜欢卖弄，常对别人夸口说：

“现在是太平盛世，我的才学没有用处。如果不是生不逢时，那么我的职位绝不会这样低。”

郑庄只叹怀才不遇，不再精研学问，人们在背后都讥笑他。

一次，郑庄的朋友带他参加一个宴会，座上都是大儒。郑庄在旁听他们谈论学问，发现很多都是他闻所未闻的，一下惊呆了。

郑庄问朋友：

“这些人其貌不扬，想不到有如此才能，他们都是高官吗？”

朋友道：

“他们是朝中大儒，平日难得一见，我们只管细心听教好了。”

郑庄参加完宴会，神情严峻，对朋友说：

“想起我从前自夸自大，真是太无知了。”

朋友安慰他说：

“你我都还年轻，以后未必不及他们。”

郑庄从此发奋苦学，一有时间便拜访名儒，虚心地请教学问。他还常常通宵达旦地接待有才能的人。

一次，郑庄招待宾客。宾客夸他年纪轻轻便学问了得，郑庄苦笑说：

“在下从前不知天高地厚，以至耽误修习，虚度不少时光，今日想来犹有愧疚，先生就不要夸我了。”

郑庄如此求进，学问和声望都日渐提高。汉武帝即位后，有人便推荐他，说：

“郑庄刻苦求学，从没有满足的时候。他这样的人不该久居下位，否则便是国家的损失了。”

汉武帝便当面考问郑庄，郑庄一一作答，没有一点儿错处。当汉武帝夸赞他时，郑庄急忙道：

“臣的学问浅陋，不值得陛下夸奖，陛下所问恰是臣所知道的，臣能回答无误不过是侥幸而已。”

汉武帝欢喜道：

“你能如此谦虚，足见你还有更大的进步空间，朕对你十分期待。”

郑庄先后担任了鲁中尉、济南郡太守、江都相、右内史等。

郑庄位居显要，也是谦恭如常。他告诫家人说：

“有些人一旦有了权势，便飞扬跋扈，结果招来大祸，这是因为他们太自满，看不到自己的不足。我虽为高官，但比我强的人还有很多，我们不可高傲，更不可做违法的事。”

郑庄从不直呼小吏之名，和下属谈话也谨慎用词，害怕伤了人家的自尊心。他赞誉士人和属下官吏时，总是说：

“我不如他们，我也许是因为命好，才有今日的高位。”

世人一致称赞郑庄，把他视为自己学习的典范。

原文

无依者自强，势所迫焉。

译文

没有依靠的人会自我图强，这是形势逼迫的结果。

释评

人的潜力是巨大的，需要不断地开发和挖掘。在山穷水尽之时，人们的潜力最易激发出来，因为他们断绝了一切依靠，只能自我拯救了。身陷困境常常是一个人的转折点，也是弱者求胜的一个重要契机。此时，人们才能真正做到放手一搏。

事典

韩信的冒险

韩　信

西汉开国功臣，“汉初三杰”之一，封淮阴侯。著名军事统帅和军事理论家。

镜　鉴

为激发斗志，必要的时候当破釜沉舟，即所谓置之死地而后生。

汉高祖二年（前205），刘邦手下的大将韩信率兵攻打赵王赵歇。赵歇手下的成安君陈馀十分强悍，对赵歇说：

“韩信远道而来，兵疲马乏，不足为患，我一定能打败他。”

陈馀把二十万兵力集中起来，屯在井陉口，坐等韩信来攻。

陈馀的谋士李左车另有高见，他对陈馀进言说：

“井陉的道路狭窄，容不了两辆车并行，骑兵也无法保持队形，不如待韩信军队通过井陉后，再率军截夺他后面的粮草。这样，他进退不得，又无粮草，只能束手就擒了。”

陈馀马上拒绝道：

“韩信兵力不足，正面交战便可一举歼之，何需用此计策呢？我军如果不敢和他交战，那一定会为天下耻笑。”

李左车见自己的计策不为陈馀所用，只好仰天叹息，无可奈何。

韩信统领的军队是临时招募而来的，兵马少，也没有战斗力。韩信忧心如焚，对手下将领说：

“我军实在太弱，此战又不可回避，各位有何想法呢？”

将领们道：

“明知必败，就不该打了，否则我们只能白白送命啊。”

韩信长叹说：

“若是罢战，赵王的势力便会迅速扩大，以后攻之更为不易。你们先行退下，容我仔细思量。”

韩信一番苦思后，单独把将军张耳召来，对他说：

“不管我如何筹划，都难以战胜陈馀，眼下死中求生，或有希望。”

韩信把自己的想法说完，张耳大惊道：

“将军要背水列阵，这是兵家的大忌啊。我军无路可退，岂不找死吗？”

韩信无奈地说：

“正因为无路可退，才能使全体将士舍命向前，争做勇士。这是没有办法的办法，我们只能如此了。”

韩信又召集众将商议。众将听了韩信的主意后都瞠目结舌，难以置信，向韩信说：

“将军这样做太冒险了，万一士卒溃散，怕死投敌，又该如何呢？”

韩信肃然地说：

“你们的职责就是现场督战，如有临阵畏缩之人，当场斩杀。士卒到了必须拼命的时候，他们的战斗力一定是以一当百，无人能挡。”

韩信于是率军渡过泜水，在河边摆起了阵势。陈馀见之大笑，说道：

“韩信背水布阵，明显是不懂兵法，我若不是亲见，也不敢相信世上竟有这样的蠢汉。如今他前无出路，后无退路，此时不攻，更待何时？”

陈馀亲自率兵出城来攻。韩信见敌军出动，便对全军将士说：

“现在我们只有杀死敌人，才能保住自己的性命。如有后退之人，立斩不赦！”

韩信手下的士卒见敌人杀来，无不感到畏惧，但退路断绝，也就没有了杂念。他们为了活命，都呐喊着冲向敌兵，个个都成了善战的勇士。

一战下来，陈馀被杀，他的士兵逃的逃，降的降，死伤惨重。汉军大胜，韩信豪迈道：

“用兵之道，贵在激发出士卒的拼死之心。到了危险时刻，谁都可以成为勇士啊！”

原 文

贤以义胜，义不容恶也。

译 文

贤德的人凭着正义取胜，正义不会宽容邪恶。

释 评

正义终将战胜邪恶，这是人类历史发展的定律。人们不能把目光只盯在强弱上，更要相信正义的力量。邪恶的势力最初往往都十分强大，而正义的一方常常是弱小的，但这并不影响正义战胜邪恶的最终结局。强权代表不了正义，也消灭不了正义，只要拥有正义，再弱小的力量也将赢得成功。

事典

只身斗敌的况钟

明宣宗朱瞻基在位时，苏州郡守缺员，宣宗决定让百官保举一位能干的人去任知府。宣宗为此说：

“苏州位置重要，而以往郡守多不胜任，致使当地官吏贪污成风，奸猾诡诈。此地实难治理，如所派之人再庸碌无能，朕担心会发生祸乱啊。”

吏部尚书蹇义推荐了手下小官况钟，他对宣宗说：

“苏州官吏贪婪，勾结一处，他们的势力不能小看，必须任用廉洁而有才干的人方可惩治他们。况钟虽官位很低，但他一身正气，两袖清风，定能完成使命。”

内阁大臣杨荣也同意蹇义的荐举，他建议给况钟先斩后奏之权，说：

“况钟一人和苏州众官吏相斗，情势凶险，若不给其重权，很多事他根本办不了。在特殊情况下，况钟若有先斩后奏的权力，定能减少许多阻力。”

宣宗应允，于是况钟走马上任了。

况钟来到苏州，便有人给他送礼行贿。况钟拒收，送礼的人便说：

“官场用度颇多，大人如果自守清廉，那么就拮据无为了。从前的大人都照收不误，大人不必标新立异。”

况钟听他振振有词，不禁怒道：

“贪污受贿皆是犯法行为，你竟敢说得如此轻松，难道不怕王法吗？”

送礼的人一无所惧，冷笑着回应说：

“现在是上行下效，见怪不怪，你是禁绝不了的。你这样不识时务，违逆众情，终会碰得头破血流。”

送礼的人甩手而去。况钟的家人听之心惊，于是劝况钟道：

“此人说的也是实话，以你一人之力，如何与众多的贪官污吏相抗呢？

你有输无赢，不如得过且过。”

况钟训斥家人说：

“我身负朝廷重托，百姓对我寄予厚望，我岂能言退呢？我个人之力虽弱，但我行的是正义之道，必得百姓的拥护，纵使会经受挫折，最终还是能获胜的。我对这一点毫不怀疑，你们也不要为我担心。”

况钟心知对手强大，于是先装作什么都不懂的样子，对手下的官吏说：

“我这个人才疏学浅，对政事向来陌生，以后要靠你们多多扶持了。”

官吏们窃喜，嘴上道：

“为大人分忧，是我等义不容辞的责任，大人只管吩咐便是。”

况钟把要批示的文件拿来，询问官吏们该如何处置。官吏们欺他无能，于是使奸弄诈，况钟一一记在心上。

几日过后，况钟对官吏们的奸诈有了充分的了解。他对家人说：

“这些人胆大妄为，实在可恶啊！”

家人道：

“你要如何惩治他们呢？”

况钟愤恨地说：

“既然皇上给我先斩后奏之权，我就该斩杀这样的恶吏！”

家人惶惶地说：

“你虽有杀人之权，但恶吏是杀不完的。一旦你开了杀戒，郡内官吏便都会与你为敌，他们人多势众，盘根错节，你一个人应付不了。”

况钟肃穆道：

“贪官污吏害人无数，杀了他们才能彰显正义。我为民泄愤，没有什么需要担心的。”

第二天，况钟命人将德高望重的士绅请到知府大堂，当众宣读皇上赐给他的可以先斩后奏的诏书。

随后，况钟命人把六个最可恶的奸吏当场处死，又把他们的尸首摆在大街上示众。苏州的百姓奔走相告，欢声雷动，而苏州一府七县的大小官员个个吓得发抖，再不敢胡作非为了。

原文

忠以诚归，诚不输奸也。

译文

忠贞的人凭着真诚令人归附，真诚不会输给奸诈。

释评

所有的人都应该诚心对人，因为真诚可以感召他人，把他人团结在自己身边，从而弥补自身的不足。奸诈之人受人厌恶，一味玩弄手段的他们无法令人信服，也终将失去依靠奸诈所获得的一切。靠奸诈获得的好运是不会长久的，用真诚赢得的东西才是最可靠的。

事典

墨翟反战

墨　翟

墨子名翟，春秋战国时期墨家学派的创始人。墨家宣扬兼爱，反对兼并战争，有严密的组织。有《墨子》一书传世。

镜　鉴

说服别人不仅要用嘴，还要用行动。

春秋时期，墨家学派的创始人墨翟主张“兼相爱”“交相利”。他告诫自己的弟子：

“世上的一切祸事都是因人们的不相爱而起的。诸侯不相爱就会打仗，卿大夫不相爱就会互相争斗，君臣不相爱就会不惠不忠，父子不相爱就会不慈不孝，兄弟不相爱就会不和睦。而人们不相爱的根源，全在于他们不能真诚待人啊！”

有的弟子问墨翟道：

“奸诈能给人带来好处，真诚却常使人受骗上当，难怪人们喜欢奸诈了。先生为何推崇真诚呢？”

墨翟慨叹说：

“这就是人们的短见之处了。人们往往想借助奸诈使自己强大，这看起来像是一条捷径，其实是害人害己。奸诈早晚会被人识破，恃此所得的一切也会失去，因为奸诈不是成事的根基，而以真诚做根基便坚实有力。一个人真诚地对待他人，他人才会真诚地对待他，这样才能做到彼此‘交利’，皆大欢喜。”

一次，墨翟听说楚国将要攻打宋国，便从鲁国动身，赶了十天十夜的路来到楚国的都城郢求见楚王，楚国的大臣劝他道：

“听说你要劝谏大王不要攻宋，但我认为你这是自讨苦吃。大王一切都已准备妥当，岂能听你一言而罢战？大王性格暴躁，一定会惩罚你的。”

墨翟解释说：

“我诚心劝大王罢战，并不只是为宋国，而是因为罢战对楚国更有好处。我想这是大王没有料到的。我个人的荣辱并不重要，请你一定要为我引见。”

墨翟见了楚王，直接问道：

“听说大王将要攻打宋国，真有这样的事吗？”

楚王傲然道：

“确有此事。”

墨翟话锋一转，说：

“有一个人不要自己华贵的车子，却想去偷邻居的烂车子；不要自己的锦绣衣裳，却想去偷邻居的粗布衣服；不要自己的美食佳肴，却想去偷邻居的糟糠。请问大王，这是个什么样的人呢？”

楚王回答道：

“这人有偷窃癖。”

墨翟接着说：

“这种人以偷窃为能，其实得不偿失，他不仅失去了很多，而且还要面对人们的指责。”

楚王点头道：

“这种人看似聪明，其实愚不可及，令人耻笑啊。”

墨翟又说：

“楚国的疆土方圆五千里，宋国的疆土只有五百里，这如同华贵的车子和烂车子相比。楚国地大物博，算得上天下最富有的国家，宋国却是国小物少，这如同美食佳肴跟糟糠相比。楚国有参天的大树，宋国却树木稀少，这如同锦绣衣裳与粗布衣服相比。所以，我认为大王攻宋跟这个有偷窃癖的人一样。”

楚王狡辩道：

“诸侯争霸，本无诚意可言，全凭武力智计取胜，而且公输般已为寡人造好攻城的云梯，寡人不想罢战。”

墨翟说：

“武力智计并不能让天下人臣服，大王何必崇尚它呢？何况人们终有能力破解武力智计。”

于是，墨翟与公输般进行攻与守的演习，结果墨翟大胜。最后，楚王取消了攻宋的计划。